Bedarfsgerechtes Flachrangieren mit einem autonomen Zweiwege-Rangiergerät

Shunting-on-Demand with an Autonomous Road-Rail Robot

Von der Fakultät für Maschinenwesen
der Rheinisch-Westfälischen Technischen Hochschule Aachen
zur Erlangung des akademischen Grades eines
Doktors der Ingenieurwissenschaften
genehmigte Dissertation

vorgelegt von

Hyun-Suk Jung

Berichter:

Univ.-Prof. Dr.-Ing. Christian Schindler
Univ.-Prof. Dr.-Ing. Martin Georg Cichon

Tag der mündlichen Prüfung: 24. Oktober 2025

Schriftenreihe Schienenfahrzeuge
und Transportsysteme

Hyun-Suk Jung

Bedarfsgerechtes Flachrangieren mit einem autonomen Zweiwege-Rangiergerät

Herausgeber:
Univ.-Prof. Dr.-Ing. C. Schindler

Band 8

ifs | RWTH AACHEN UNIVERSITY

Bibliografische Information der Deutschen Nationalbibliothek
Die Deutsche Nationalbibliothek verzeichnet diese Publikation in der Deutschen Nationalbibliografie; detaillierte bibliografische Daten sind im Internet über https://portal.dnb.de abrufbar.

Hyun-Suk Jung:

Bedarfsgerechtes Flachrangieren mit einem autonomen Zweiwege-Rangiergerät

1. Auflage, 2025

Gedruckt auf holz- und säurefreiem Papier, 100% chlorfrei gebleicht.

Wissenschaftsverlag des Instituts für Industriekommunikation und Fachmedien an der RWTH Aachen
Steinbachstr. 25, 52074 Aachen, Deutschland
Internet: www.apprimus-verlag.de, E-Mail: info@apprimus-verlag.de

Printed in Germany

ISBN 978-3-98555-321-1

Vorwort

Die vorliegende Arbeit wurde im Rahmen meiner Tätigkeit als wissenschaftlicher Mitarbeiter am Institut für Schienenfahrzeuge und Transportsysteme der Rheinisch-Westfälischen Technischen Hochschule Aachen angefertigt. Sie baut auf das vom Bundesministerium für Bildung und Forschung geförderte Verbundprojekt „AuRa – Entwicklung eines autonomen Rangierfahrzeugs zur Automatisierung innerbetrieblicher Rangierabläufe von Schienenfahrzeugen“ auf, welches gemeinsam mit DB Systel GmbH, Frankfurt am Main, und G. Zwiehoff GmbH, Rosenheim, durchgeführt wurde.

Mein besonderer Dank gilt meinem Doktorvater Herrn Univ.-Prof. Dr.-Ing. Christian Schindler, der mir durch sein entgegengebrachtes Vertrauen und seine unermüdliche Unterstützung das Entstehen dieser Arbeit ermöglichte. Weiterhin danke ich Herrn Univ.-Prof. Dr.-Ing. Martin Cichon für die Übernahme des Korreferats, Herrn Univ.-Prof. Dr. Raphael Pfaff für den Beisitz sowie Herrn Univ.-Prof. Dr.-Ing. Dieter Moormann für den Vorsitz des Rigorosums.

Stellvertretend für das Projektteam der DB Systel GmbH möchte ich Herrn Dr. rer. nat. Frank Eschmann und Dr. rer. nat. Frank Kleespies Dank aussprechen für die angenehme Zusammenarbeit im oben genannten Verbundprojekt. Durch ihre Koordination konnte die Entwicklung des Prototyps für das automatisierte Rangieren konsequent vorangetrieben und die ersten experimentellen Versuche erfolgreich absolviert werden. Überdies danke ich ganz besonders Herrn Dipl.-Wirt.-Ing. (FH) Stephan Zwiehoff, Geschäftsführer der G. Zwiehoff GmbH, für die auch über das Verbundprojekt hinausgehende Zusammenarbeit, wodurch weiterführende experimentelle Untersuchungen zu dieser Arbeit möglich waren.

Bei allen Kolleginnen und Kollegen sowie Studierenden des Instituts bedanke ich mich für die unvergessliche Zeit und die stets aufschlussreichen Diskussionen. Allen voran gebührt mein Dank Frau Anna-Kaisa Jennes, Herrn Dipl.-Ing. Anselm Daniel und Herrn Paulo Belarmino, ohne deren freundliche Unterstützung die vorliegende Arbeit nicht in dieser Form zustande gekommen wäre.

Abschließend möchte ich mich mit großer Dankbarkeit an meine Familie wenden, die mir über die vielen Jahre hinweg stets mit Geduld und Verständnis zur Seite stand. Ich widme diese Arbeit meinen Kindern.

Berlin, im November 2025
Hyun-Suk Jung

Kurzfassung

In Anbetracht der prognostizierten Zunahme von Güterverkehrsleistungen in Deutschland und des klimapolitischen Bestrebens nach einer nachhaltigen Verkehrsverlagerung nimmt der Schienengüterverkehr eine Schlüsselrolle ein. Abseits des effizienten Hauptlaufs und teilautomatisierter Zugbildungsanlagen ist vor allem der zeit- und personalintensive Rangierbetrieb auf privaten Anschlussbahnen ausbaufähig. Die Vorhaltung von teuren Ressourcen wie Gleisinfrastruktur, Rangierlokomotive und -personal stellt für Unternehmen mit geringerem Güterdurchsatz eine wirtschaftliche Hürde zum eigenen Gleisanschluss dar. Dabei sind gerade auf privaten Anschlussbahnen Rahmenbedingungen vorzufinden, die eine Automatisierung begünstigen. Die vorliegende Arbeit widmet sich daher der Automatisierung des Rangierbetriebs, um zur Erhöhung der Attraktivität von privaten Gleisanschlüssen beizutragen.

Nach einer Einführung in die Grundlagen des Schienengüterverkehrs und einer Gegenüberstellung verschiedener Automatisierungstechniken wird die These formuliert, dass bedarfsgerechtes Rangieren mit einem autonomen Zweiwege-Rangiergerät eine wirtschaftlichere Alternative gegenüber den klassischen Rangiertechniken darstellt und das Potenzial zur technischen Umsetzung hat. Der Lösungsansatz besteht grundsätzlich darin, diese Problemstellung bahnbetrieblicher Natur mit Methoden und Werkzeugen aus der Robotik anzugehen.

Zur Überprüfung der These wurde das autonome Rangiergerät konzipiert und softwaretechnisch auf Basis des Metabetriebssystems Robot Operating System entwickelt. Zur virtuellen Erprobung von roboterähnlichen Schienenfahrzeugen wurde eine Simulationsumgebung mit Gazebo aufgebaut, innerhalb derer das Rangiergerät verschiedenen Funktionstests unterzogen wurde. Darüber hinaus wurden ausgewählte Teilfunktionen im Rahmen der verfügbaren Infrastruktur experimentell validiert. Anschließend wurden die Ergebnisse in Hinblick auf die sowohl für die Simulation als auch für den autonomen Rangierbetrieb allgemein definierten Randbedingungen kritisch diskutiert. Ein abschließender Kostenvergleich bestätigte das wirtschaftliche Potenzial des bedarfsgerechten Rangierens mit einem autonomen Zweiwege-Rangiergerät.

Abstract

Given the forecast of increasing freight transport volume in Germany and considering the freight and logistics structure effect, rail freight transport plays a key role in meeting these demands sustainably. Besides the efficient main leg operation and semi-automated hump yards, especially the labour-intensive manual shunting proves to be expandable. For enterprises with little freight throughput, provision of expensive resources such as rail infrastructure, shunting locomotive and staff poses an economical hurdle to having their own railway access. However, it is precisely the underlying conditions given in private industrial sidings that are favourable for the automation. Hence, this work is dedicated to automation of shunting operation in order to make private sidings a little more attractive.

After introducing the fundamentals of rail freight transport and comparing various automation techniques, it is postulated that shunting-on-demand, i.e. needs-based shunting, with an autonomous road-rail robot offers a more economic solution and has the potential of technical implementation. While the problem of inefficient shunting is of railway operational nature, it is to be approached by implementing methods and tools from robotics.

In order to verfiy the hypothesis, an autonomous road-rail robot was conceptualised and developed using the software framework Robot Operating System. For virtual testing of robot-like rail vehicles, a simulation environment based on Gazebo was constituted, in which the shunting robot was subject to various tests regarding its functions. Selected subfunctions were further verified experimentally, provided that the infrastructural conditions of the testing site allowed for it. For the simulation as well as for the autonomous shunting operation in general, boundary conditions were defined and discussed critically after laying out the results of the test series. A cost comparison with traditional shunting operations confirmed the economic potential of shunting-on-demand with an autonomous road-rail robot.

Inhaltsverzeichnis

Abkürzungsverzeichnis

Abkürzung	Bedeutung
ADAS	Advanced Driver-Assistance System
ADS	Automated Driving System
AFB	Automatische Fahr- und Bremssteuerung
AGV	Automated Guided Vehicle
AK	Automatische Kupplung
AMR	Autonomous Mobile Robot
ATC	Automatic Train Control
ATO	Automatic Train Operation
ATP	Automatic Train Protection
ATS	Automatic Train Supervision
Aw	Ausbesserungswerk
BDE	Beidrückeinrichtung
BMBF	Bundesministerium für Bildung und Forschung
BMVI	Bundesministerium für Verkehr und digitale Infrastruktur
BOA	Bau- und Betriebsordnung für Anschlussbahnen
BR	Baureihe
BTM	Balise Transmission Module
BÜ	Bahnübergang
Bw	Betriebswerk
CAN	Controller Area Network
CBTC	Communication-Based Train Control
DAK	Digitale Automatische Kupplung
DAS	Driver-Assistance System
DB	Deutsche Bahn AG
DC	Direct Current
Dg	Durchgangsgüterzug
DGPS	Differential Global Positioning System
DMI	Driver Machine Interface
DOF	Degree of Freedom
DOI	Digital Object Identifier
DTO	Driverless Train Operation
EBO	Eisenbahn-Bau- und Betriebsordnung
EBOA	Eisenbahn-Bau und Betriebsordnung für Anschlussbahnen (vgl. BOA)
EBuLa	Elektronischer Buchfahrplan und Verzeichnis der Langsamfahrstellen

EFRE	Europäische Fonds für regionale Entwicklung
EIU	Eisenbahninfrastrukturunternehmen
EOW	Elektrisch ortsgestellte Weiche
ERMTS	European Rail Traffic Management System
ESF	Energiesparende Fahrweise
ESTW	Elektronisches Stellwerk
ETCS	European Train Control System
EVC	European Vital Computer
EVU	Eisenbahnverkehrsunternehmen
EWV	Einzelwagenverkehr
FAS	Fahrerassistenzsystem
FKPS	Flexibles KPS
FRMCS	Future Railway Mobile Communication System
FTF	Fahrerloses Transportfahrzeug
FV-NE	Fahrdienstvorschrift für Nichtbundeseigene Eisenbahnen
Gla	Gleisanschluss
GNSS	Global Navigation Satellite System
GoA	Grade of Automation
GPS	Global Positioning System
GSM-R	Global System for Mobile Communication - Rail(way)
GVS	Güterverkehrsstelle
GZV	Ganzzugverkehr
HOG	Histogram of Oriented Gradients
IEEE	Institute of Electrical and Electronics Engineers
IFS	Institut für Schienenfahrzeuge und Transportsysteme
IoT	Internet of Things
IMU	Inertial Measurement Unit
IPC	Inter-process communication
Kbf	Knotenpunktbahnhof
KF	Kopffahrzeug
KPS	Knotenpunktsystem
KV	Kombinierter Verkehr
LE	Ladeeinheit
LEU	Linside Electronic Unit
Lrf	Lokrangierführer
LTE	Long Term Evolution (4G)
LTM	Loop Transmission Module
LZB	Linienförmige Zugbeeinflussung

MA	Movement Authority
MPK	Mittelpufferkupplung
MQTT	Message Queuing Telemetry Transport
NE	Nichtbundeseigene Eisenbahn
Ng	Nahgüterzug
NLT	Nutzlastträger
NTC	National Train Control
NTO	Non-automated Train Operation
OBU	On-board Unit
ODD	Operational Design Domain
ODE	Open Dynamics Engine
OEM	Original Equipment Manufacturer
OS	On-sight Train Operation
PCL	Point Cloud Library
PCW	Prüf- und Validationscenter Wegberg-Wildenrath
PGA	Privatgleisanschluss
POI	Point of Interest
PZB	Punktförmige Zugbeeinflussung
RBC	Radio Block Center
Rbf	Rangierbahnhof
RGB	Rot-Grün-Blau(-Farbraum)
RIU	Radio Infill Unit
RMR	Railway Mobile Radio
ROI	Region of Interest
ROS	Robot Operating System
RTK	Real-Time Kinematic
Sat	Satellitenbahnhof
SBB	Schweizerische Bundesbahnen
SGV	Schienengüterverkehr
SIL	Safety Integrity Level
SK	Schraubenkupplung
SLAM	Simultaneous Localization and Mapping
SOG	Selbst-Organisierender Güterverkehr
SPS	Speicherprogrammierbare Steuerung
SSH	Secure Shell
SST	Selbsttätig Signalgesteuertes Triebfahrzeug
STM	Specific Transmission Module
STO	Semi-automatic Train Operation

SVM	Support Vector Machine
TETRA	Terrestrial Trunked Radio
Tf	Triebfahrzeugführer
ToF	Time of Flight
TSI	Technical Specification for Interoperability
Üg	Übergabegüterzug
UIC	Union internationale des chemins de fer
UITP	Union internationale des transports publics
URDF	Unified Robot Description Format
URL	Uniform Resource Locator
USB	Universal Serial Bus
UTO	Unattended Train Operation
V2I	Vehicle-to-Infrastructure(-Communication)
V2V	Vehicle-to-Vehicle(-Communication)
V2X	Vehicle-to-X(-Communication)
WLAN	Wireless Local Area Network
WLV	Wagenladungsverkehr
XML	Extensible Markup Language
ZBA	Zugbildungsanlage
ZBS	Zugbeeinflussungssystem
ZZS	Zugsicherung, Zugsteuerung und Signalgebung

Formelzeichenverzeichnis

Formelzeichen	Einheit	Bedeutung
a	m	Abstand der Messkreisebenen
b	m	Halbe Schutz-/Warnfeldbreite
d_k	m	y-Abstand vom Sensorursprung zum Messpunkt bei α_i
h	m	Höhe des Sensorursprungs über Schienenoberkante
i	-	Zählindex für waagerechte Scanstrahlen des Lidar-Sensors
k	-	Zählindex für Rillenpunkte
k_d	$\mathrm{m^{-1}}$	Differenzierbeiwert
k_i	$\mathrm{m^{-1}\,s^{-2}}$	Integrierbeiwert
k_p	$\mathrm{m^{-1}\,s^{-1}}$	Proportionalbeiwert
l_0	m	Entfernungsmesswert beim Scanwinkel $\alpha = 0$
l'_0	m	Auf den Boden projizierte Länge von l_0
$l_{0,s,rail}$	m	Schutzfeldlänge im Schienenmodus
$l_{0,s,road}$	m	Schutzfeldlänge im Straßenmodus
$l_{0,w,rail}$	m	Warnfeldlänge im Schienenmodus
$l_{0,w,road}$	m	Warnfeldlänge im Straßenmodus
$l_i,\ l(\alpha_i)$	m	Entfernungsmesswert beim Scanwinkel α_i
l_s	m	Abstand vom vorderen zum hinteren Sensorursprung
m	-	Vorzeichenvariable
s	m	Spurweite
$\boldsymbol{v_{cmd}}$	$\mathrm{m\,s^{-1}}$, $\mathrm{s^{-1}}$	Geschwindigkeitsvektor des Fahrzeugs
$v_{Rad,hl}$	$\mathrm{m\,s^{-1}}$	Radumfangsgeschwindigkeit hinten links
$v_{Rad,hr}$	$\mathrm{m\,s^{-1}}$	Radumfangsgeschwindigkeit hinten rechts
$v_{Rad,vl}$	$\mathrm{m\,s^{-1}}$	Radumfangsgeschwindigkeit vorne links
$v_{Rad,vr}$	$\mathrm{m\,s^{-1}}$	Radumfangsgeschwindigkeit vorne rechts
$v_x, \dot{x}$	$\mathrm{m\,s^{-1}}$	Fahrzeug-Längsgeschwindigkeit
$\boldsymbol{x}, \boldsymbol{y}, \boldsymbol{z}$	-	Koordinatenachsen des Fahrzeugs
$\boldsymbol{x_s}, \boldsymbol{y_s}, \boldsymbol{z_s}$	-	Koordinatenachsen des Lidar-Sensors
$\boldsymbol{x_t}, \boldsymbol{y_t}, \boldsymbol{z_t}$	-	Koordinatenachsen des Gleises
y	m	y-Abstand Fahrzeugursprung zur Gleisachse
α_i	-	diskreter Scanwinkel des Lidar-Sensors
β	-	Fahrzeug-Gierwinkel zur Gleisachse
γ	-	Sensor-Nickwinkel
ω	$\mathrm{s^{-1}}$	Fahrzeug-Gierrate

1 Einleitung und Motivation

Die fortschreitende Globalisierung und die Mehrung des Wohlstandes korrelieren mit einem höheren Transportbedarf von materiellen Gütern. Allein in Deutschland soll die Güterverkehrsleistung bis 2040 um 215,2 Mrd. tkm im Vergleich zu 2019 (+31,2 %) zunehmen [1]. Ein Großteil des Güteraufkommens wird von den zahlreichen *Hidden Champions* generiert, welche die mittelständische und dezentrale Struktur der deutschen Wirtschaft prägen [2]. Um den Transportbedarf nachhaltig zu decken, werden umwelt- und verkehrspolitische Maßnahmen unternommen, den Gütertransport von der Straße auf die Schiene zu verlagern. So wird beispielsweise der Digitalisierung und Automatisierung des Bahnbetriebs eine zentrale Rolle zur Attraktivitätserhöhung des Schienengüterverkehrs zugetragen [3, 4]. Doch das Fehlen eines flächendeckenden Netzwerks von privaten Gleisanschlüssen erschwert kleinen und mittleren Unternehmen (KMU) der produzierenden Gewerbe den Zugang zur Schiene und hindert die nachhaltige Verkehrsverlagerung durch den Einzelwagenverkehr [5–7].

Während im Streckenbetrieb (Hauptlauf) die Bahn sich durch ihre Massenleistungsfähigkeit auszeichnet, stellt der Rangierbetrieb auf privaten Gleisanschlüssen, d.h. an den Quellen und Senken des Güterstroms, oftmals den Flaschenhals dar [8–10]. Der klassische Rangierbetrieb ist durch die Anschaffung, den Betrieb und die Unterhaltung von Rangierlokomotiven sowie die Beschäftigung von Personal mit sehr hohen Fixkosten, jedoch innerhalb der infrastrukturellen Kapazitätsgrenze mit sehr geringen variablen Kosten verbunden [11]. Infolge der steigenden Personalkosten und insbesondere des Wandels der Güter- und Logistikstruktur wurden Gleisanschlüsse mit geringem oder unregelmäßigem Transportaufkommen mangels Wirtschaftlichkeit nicht mehr bedient und später stillgelegt [12]. Um den Gleisanschluss für KMU wieder attraktiver zu gestalten, ist daher eine bedarfsgerechte Rangiertechnik mit geringerem Personalbedarf und niedrigeren Fixkosten notwendig [10, 11].

Auf Anschlussbahnen und kleinen Rangierbahnhöfen ohne Ablaufberge werden Güterwagen in der Regel mit einer Rangierlokomotive bewegt, welche vom Lokrangierführer[1] (Lrf) im Führerstand oder außerhalb des Fahrzeugs über eine Funkfernbedienung gesteuert wird. Es wird mit niedrigen Geschwindigkeiten auf Sicht und innerhalb eines definierten Areals gefahren, in welchem die Schnittstellen zu anderen Verkehrsträgern sowie der Zugang zur Strecke durch Unbefugte eingeschränkt ist, was aus technischer Sicht eine Automatisierung begünstigt. Die Rangierprozesse zeichnen sich ferner durch einen hohen Anteil an manuellen Tätigkeiten unter gefährlichen Bedingungen aus und enthalten viele Leerzeiten, die für die sehr geringen mittleren Transportgeschwindigkeiten der Güter mitverantwortlich sind. Auch

[1] Zur besseren Lesbarkeit wird in dieser Arbeit bei Personenbezeichnungen und personenbezogenen Hauptwörtern das generische Maskulinum verwendet. Entsprechende Begriffe gelten im Sinne der Gleichbehandlung grundsätzlich für alle Geschlechter.

in Hinblick auf Nachwuchsmangel und demographischen Wandel bietet eine Automatisierung Potenzial zur Effizienzsteigerung. [8, 13–16]

Bei U-Bahn-, Metro- und Peoplemover-Systemen ist das vollautomatische und fahrerlose Fahren bereits seit den 1980er Jahren Stand der Technik [13, 15]. Dies ist dort aufgrund der systemspezifischen und betrieblichen Randbedingungen auch mit konventioneller Zugbeeinflussung hinreichend sicher möglich. Im Rangierbetrieb herrschen jedoch davon stark abweichende Bedingungen, sodass dieselbe Form der Zugbeeinflussung nicht praktikabel ist. Erst mit der voranschreitenden Entwicklung von leistungsstärkeren und kostengünstigeren Sensoren, Prozessoren und damit einhergehend auch moderner Algorithmen zur Datenverarbeitung wurde der Transfer von ursprünglich aus der Robotik bekannten Techniken auf viele andere Branchen beschleunigt und nicht zuletzt auch für bahnbezogene Anwendungsfälle zugänglich.

Die vorliegende Arbeit umreißt zunächst die Grundlagen des Schienengüterverkehrs, des Rangierbetriebs und den Stand der Technik und Forschung zur Automatisierung des Bahnbetriebs mit Bezug auf das Rangieren. Basierend darauf wird die Problemstellung konkretisiert, von der ausgehend ein alternatives Konzept zum bedarfsgerechten, fahrerlosen Rangieren mit einem autonomen Zweiwegefahrzeug als Lösungsansatz vorgestellt wird.

2 Stand der Technik und Forschung

2.1 Schienengüterverkehr

Unter dem Begriff des Schienengüterverkehrs (SGV) werden Verkehrsleistungen zusammengefasst, bei denen der außerbetriebliche Transport von materiellen Gütern über den Verkehrsträger Schiene unter Nutzung von auf das jeweilige Transportgut ausgerichteten Güterwagen erfolgt. Die Verkehrsleistung ist neben ihrer Bedeutung als Leistungskennzahl – auf die Zeit bezogene Verkehrsarbeit in $\frac{\text{tkm}}{\text{a}}$ ausgedrückt – aus Sicht des Leistungsprozesses vielmehr als ein Kombinationsprozess verkehrlicher Produktionsmittel bzw. als Gesamtheit aller Vorgänge zum Zweck des Gütertransportes zu verstehen [11, 17, 18]. Hierzu gehören neben den Vorgängen zur Raumüberwindung (Transport) von Gütern auch die kaufmännischen und organisatorischen Leistungen unter Berücksichtung der verfügbaren Ressourcen [19]. Diese zum Produktionsprozess gehörenden Vorgänge bilden mit dem Auftrags- und Produktionsprozessmanagement die Kernprozesse des SGV, wobei letzteres wiederum in Betriebs-, Trassen-, Wagen- und Traktionsmanagement unterteilt wird. Im Gegensatz zur Definition in der Betriebs- und Volkswirtschaftslehre versteht die Bahnbranche in Deutschland unter Produktionsprozess den grundlegenden Ablauf zur Erbringung der als Produkt definierten Dienstleistung, welches mit Hilfe von verschiedenen Produktionsverfahren umgesetzt wird. [11]

Die Produktion von Schienenverkehrsleistungen ist durch hohe, echte Gemeinkosten gekennzeichnet, weil sie die Vorhaltung umfangreicher materieller und personeller Ressourcen (Gleisinfrastruktur, Stellwerke, Bahnhöfe, Triebfahrzeuge, Güterwagen, Personal für den Betrieb und Instandhaltung der genannten Bahnanlagen und Fahrzeuge) erfordert. Dem stehen vergleichsweise sehr geringe Einzelkosten bei einer Mehrproduktion innerhalb der infrastrukturellen Grenze gegenüber. Gepaart mit dem niedrigen Rollwiderstand des Rad-Schiene-Systems ist aus Sicht der Produktionswirtschaft[2] der SGV daher besonders für regelmäßige Massenguttransporte in Ganz- und Direktzügen geeignet. [11, 18] Auch aus logistischer Sicht sprechen

- Massenleistungsfähigkeit,
- Schnelligkeit der Direktzüge bei mittleren Entfernungen,
- Terminsicherheit durch Fahrplan- und Fahrtrassenbindung,
- informationstechnische Vernetzung des Systems Bahn mit eigenen Datenübertragungsnetzen,
- geringes Transportrisiko (Gefahrengut) und

[2] Hier wird der Begriff »Produktionswirtschaft« im betriebs- und volkswirtschaftlichen Sinn und als Synonym für »Produktherstellung« verwendet.

- das Ausbleiben von Sonntags-, Feiertags- und Ferienfahrverboten

für den SGV. Dagegen sprechen

- begrenzte Haus-zu-Haus-Transportmöglichkeiten aufgrund geringer Streckennetzdichte,
- daraus folgende kosten- und zeitintensive Umschlag-/Umlade-/Umstellbedarfe,
- Streckenengpässe auf Hauptstrecken durch Vorrang und zunehmende Vertaktung des Personenverkehrs,
- geringe Flexibilität aufgrund der Bindung an Fahrplan und Zuglauf und
- starke Abhängigkeit von ausländischen Bahnen bei grenzüberschreitendem Verkehr [20].

Mit einem sich wandelnden Welthandel und voranschreitender Entwicklung der Volkswirtschaft erhöhte sich ab der zweiten Hälfte des 20. Jahrhunderts verstärkt die Nachfrage nach höherwertigen Konsum- und Investitionsgütern, während die Produktion von Massengütern der Grundstoffindustrie stagnierte oder sogar teilweise zurückging. Die Transportmengen verringerten sich bei gleichzeitig zunehmenden Anforderungen an die Transportqualität. Zudem wuchs die Anzahl an Quellen und Senken, die zusätzlich wechselhaft und grenzüberschreitend wurden. Der Güterstruktureffekt beschreibt die damit einhergehende Veränderung der Zusammensetzung des Verkehrsaufkommens, wobei die Auswirkungen aufgrund der unterschiedlichen Systemeigenschaften verkehrsträgerspezifischer Natur sind. Diesem Wandel der Verkehrsnachfrage konnte der Straßengüterverkehr dank seiner höheren Flexibilität und Netzdichte besser begegnen, sodass sein Anteil am Modal Split zulasten der des Binnenschiffs und der Bahn kontinuierlich zunahm, Abb. 2.1.

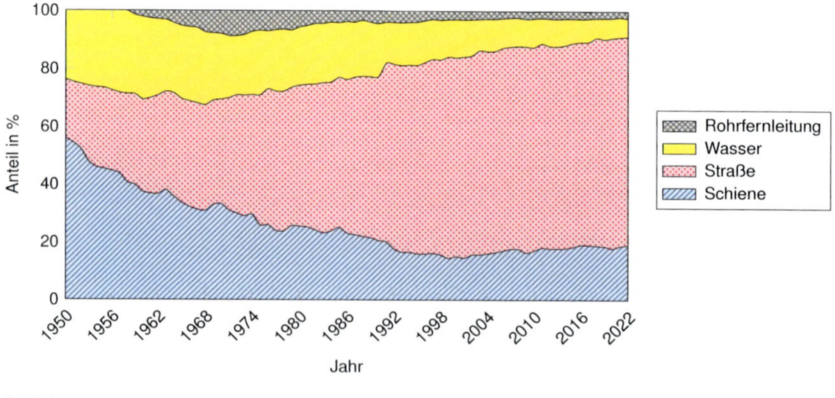

Abb. 2.1: Anteile der Verkehrsträger an der Güterverkehrsleistung in Deutschland nach [21–23]

Weiter verstärkt wurde der Trend durch die Verbreitung des betrieblichen Rationalisierungskonzepts *Lean Production*[3] seit den 1990er Jahren, welches unter anderem mit dem *Just-in-Time*-Prinzip eine höherfrequentierte Belieferung kleinteiliger Güter vorsieht (Logistikeffekt). Somit können die Systemvorteile der Bahn nur dann genutzt werden, wenn der dezentralisierte Güterstrom zumindest für Teilabschnitte des zurückzulegenden Weges sinnvoll gebündelt werden kann. [11, 18, 20]

2.1.1 Produktionsprozesse

Der mit der Wertschöpfung einhergehende Produktionsprozess[4] ist der Vorgang der physischen Standortveränderung von materiellen Gütern. Der Wert für den Kunden besteht darin, dass seinen spezifischen Bedürfnissen entsprechend Gut innerhalb eines vereinbarten Zeitraums mit vereinbarter Sorgfalt und Qualität von einem definierten Ort (Quelle bzw. Versandort) zu einem anderen (Senke bzw. Empfangsort) transportiert wird. Diese Basisleistung hat den Charakter einer Dienstleistung und wird beim SGV von Eisenbahnverkehrsunternehmen (EVU) erbracht. Während die EVU in der Vergangenheit hauptsächlich mit der Basisleistung die für den SGV prädestinierten Massenguttransporte bedienten, sind sie infolge des Güterstruktureffekts zunehmend gefordert, im Sinne eines Logistikdienstleisters den eigenen Leistungsumfang durch Zukauf externer Sekundärleistungen (z.B. Lagerhaltung, Verpackung, Informationsdienstleistung) zu erweitern oder als Subunternehmer ihre Basisleistung in eine von Dritten koordinierte Logistiklösung einzubringen. [11, 18]

Die Produktionsprozesse im klassischen und kombinierten Wagenladungsverkehr beinhalten zwei grundlegende Abläufe zur Erbringung der Transportleistung, die in der Praxis mehr oder weniger abgewandelt umgesetzt werden. Beim ersteren steht der Güterwagen im Vordergrund, Abb. 2.2: Dem Kunden werden die Wagen auf seinem privaten Gleisanschluss (GA) oder an einer öffentlichen Ladestelle seiner Wahl bereitgestellt, woraufhin dieser sie befrachtet. Da ein Direktverkehr unwirtschaftlich wäre, werden Wagen verschiedener Versender aus einer Region, die wiederum oft für unterschiedliche Zielladestellen bestimmt sind, an einem Startbahnhof gesammelt, zu einem Zug zusammengestellt und als solcher in Richtung Zielbahnhof transportiert. Unterwegs ist in der Regel mindestens ein Wagenübergang zu einem anderen Zug nötig, welcher zum Zielbahnhof oder zu einem weiteren, dem Ziel näherliegenden Zwischenbahnhof fährt, vergleichbar mit dem Umsteigen beim Schienenpersonenverkehr. Sowohl die Zugbildung auf dem Start- als auch der Wagenübergang auf dem Zwischenbahnhof sind mit Aufwand verbunden, jedoch aus wirtschaftlichen Gründen notwendig. Auch auf dem Zielbahnhof sind die Wagen oftmals nicht für einen Empfangsort bestimmt, sondern müssen jeweils ladestellengerecht zugestellt werden (Verteilen). Nach

[3] Vgl. Anm. 2.
[4] Hier wieder im Sinne des Sektors Bahn.

erfolgter Entladung holt das EVU den Wagen ab und teilt ihn einer nächsten Verwendung zu, sofern er nicht an gleicher Stelle bereits erneut beladen wird. [11]

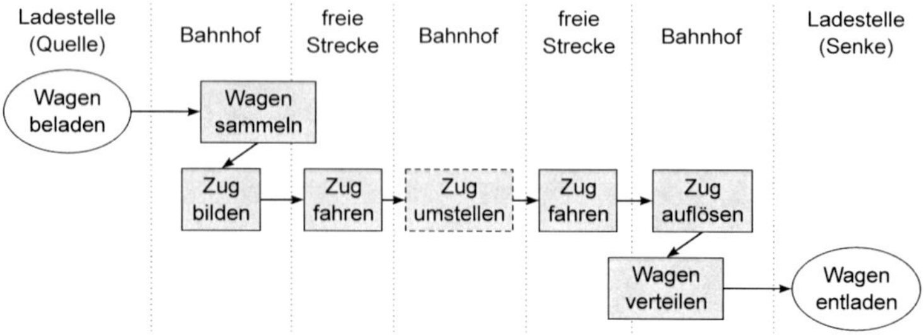

Abb. 2.2: Produktionsprozess im Wagenladungsverkehr nach [11]

Im Produktionsprozess des kombinierten Wagenladungsverkehrs hingegen erfolgt das Sammeln bzw. Verteilen der Ladeeinheit (Vor- bzw. Nachlauf) durch einen anderen Verkehrsträger, wobei die Ladeeinheit das Verkehrsmittel auf dem Start- und Zielbahnhof wechselt (Umschlag). Abb. 2.3 zeigt den Ablauf im Falle eines Vor- und Nachlaufs über die Straße mittels Container als Ladeeinheit. Zur Ausschöpfung der Systemvorteile der einzelnen, in dieser Transportkette beteiligten Verkehrsträger wird allgemein versucht, den Vor- und Nachlauf über die Straße kurz, den Hauptlauf über die Schiene lang zu halten, siehe auch Kap. 2.1.2.3. [11, 24]

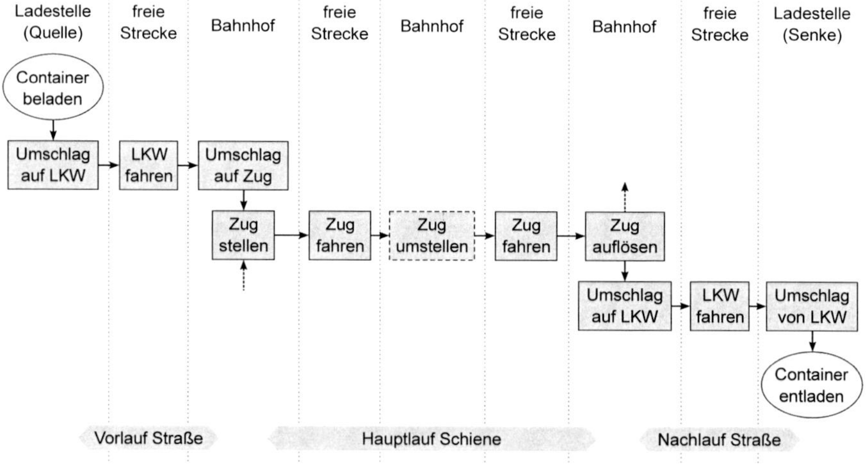

Abb. 2.3: Produktionsprozess im kombinierten Wagenladungsverkehr „Straße/Schiene“ nach [11]

2.1.2 Produktgruppen

Während ein Produktionsprozess im Güterverkehr den grundlegenden Ablauf zur Erbringung einer Dienstleistung beschreibt, ist das Produkt die eigentliche Dienstleistung bzw. das Leistungspaket, das dem Kunden verkauft wird. Auf dem Güterverkehrsmarkt haben sich die Produktgruppen (auch Produktionsformen oder Produktkategorien) Ganzzugverkehr (GZV), Einzelwagenverkehr (EWV) und kombinierter Verkehr (KV) etabliert, zu welchen die Produkte je nach Qualitätsabstufung der Basisleistung und ggf. Zusatzleistungen zugeordnet werden, Abb. 2.4. [11, 25]

Mit Wagenladungsverkehr (WLV) ist der konventionelle Güterverkehr, d.h. rein auf der Schiene, gemeint, bei dem die Sendung das Transportvolumen einer Wagenladung oder ein ganzzahliges Vielfaches davon beansprucht. Er ist dem Einzelwagen-, Wagengruppen- sowie dem Ganzzugverkehr übergeordnet und wird zur Abgrenzung vom Stückgutverkehr (Abb. 2.4 c) und KV verwendet. Mit der Aufgabe des Stückgutverkehrs 1998 durch die Deutsche Bahn und der Ausdifferenzierung des WLV in EWV und GZV 2004 hat sich dieser Sammelbegriff erübrigt, wird jedoch häufig synonym zum EWV weitergenutzt. [6, 25–28]

2.1.2.1 Ganzzugverkehr

„Die ideale Form der Raumüberwindung ist gegeben, wenn sich ein Transportvorgang [...] mit ein und demselben Verkehrsmittel im ungebrochenen Direktverkehr vollzieht.“ [29] Im SGV trifft dieses Prinzip auf den Ganzzugverkehr (GZV) zu, dem produktionstechnisch am einfachsten umsetzbaren Leistungsangebot der Bahn [11]. Hierbei wird der Güterzug von Versand- bis Empfangsort im Direktverkehr befördert. Die Übergabe der Zugeinheit zwischen Versender, Beförderer und Empfänger erfolgt geschlossen, d.h. ohne Änderung der Wagenzusammenstellung bis auf ein ggf. betriebsbedingtes Umspannen der Lokomotive. Sofern der Kunde über einen Gleisanschluss und eine Verladeorganisation verfügt, kann seine Ladestelle durch die Bereitstellung eines Ganzzuges kostengünstig bedient werden. Aufgrund des geringen Rangierbedarfs sowie des Entfalls der Zugumstellung kommt hier die Massenleistungsfähigkeit besonders zum Tragen; es können kurze Transportzeiten erreicht werden.

GZV eignet sich für große Gütermengen, die in wiederkehrenden Transporten schnell ans Ziel zu bringen sind und idealerweise den kompletten Zug auslasten, wobei der Kunde das Auslastungsrisiko trägt. Der Anwendungsbereich umfasst Massengüter der Baustoff-, Chemie-, Mineralöl- und Montanindustrie, Produkte der Forst- und Agrarwirtschaft, starke Güterströme (Automobilindustrie, Verkehre zwischen Überseehäfen) und generell die Bündelung von Güterströmen. Enthält der gesamte Zug eine einzige Sendung bzw. ist er mit nur einem Frachtbrief versehen und ausschließlich aus Wagen eines einzelnen Verladers zusammengestellt, so wird er klassischer Ganzzug genannt, Abb. 2.4a. In der Praxis wird die Unterscheidung zwischen klassischen Ganzzügen und Einzelwagen/Wagengruppen oft relativiert. Angesichts des Bestrebens, eine möglichst hohe Auslastung der Züge im Hauptlauf zu erreichen, werden bei nicht ganzzugfähigen Ladungsgrößen sogenannte Blockzüge aus halben Ganzzügen oder größeren Wagengruppen verschiedener Verlader gleicher Start- und Zielregion gebildet. [11, 19, 30]

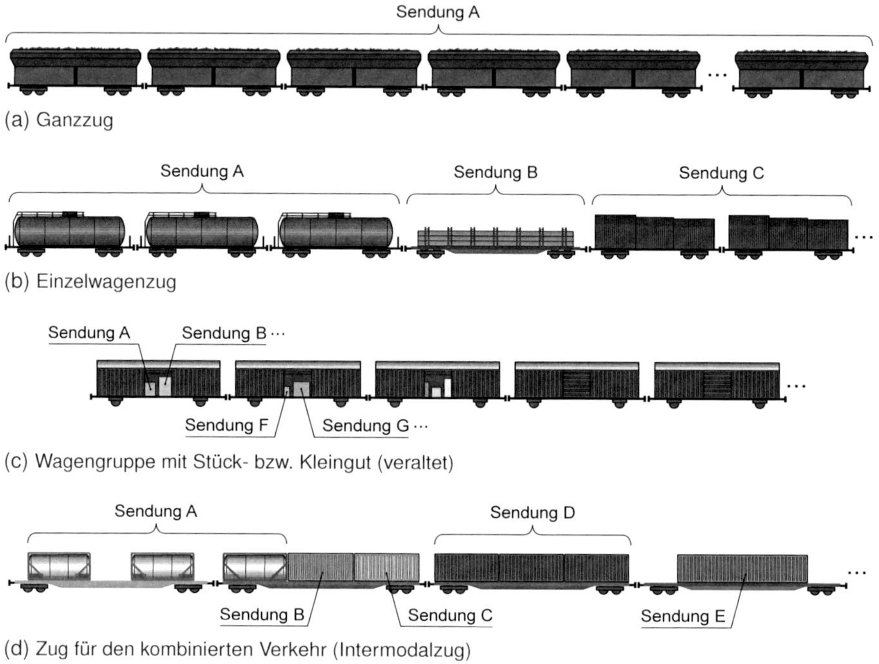

(a) Ganzzug

(b) Einzelwagenzug

(c) Wagengruppe mit Stück- bzw. Kleingut (veraltet)

(d) Zug für den kombinierten Verkehr (Intermodalzug)

Abb. 2.4: Zuggattungen des Schienengüterverkehrs nach [11]

2.1.2.2 Einzelwagenverkehr

Unter Einzelwagenverkehr (EWV) wird in erster Linie der Wagenladungsverkehr (WLV) mit Einzelwagen oder Wagengruppen verstanden, aber auch der ladungsunabhängige Verkehr von Wagen als Sendung selbst. Hierbei werden Güter mit Sendungsgrößen, die einen Ganzzug nicht auslasten, für den Hauptlauf auf der Schiene gebündelt und damit künstlich bahnaffin gemacht. Der EWV wird im sog. Knotenpunktverfahren produziert, Kap. 2.1.3.2. Die Abfertigung der Wagen erfolgt einzeln, jedem Güterwagen wird ein Frachtbrief zugeordnet. Als eine Teilmenge des WLV werden beim EWV wie in Abb. 2.2 dargestellt und in Kap. 2.1.1

beschrieben die Wagen gesammelt, umgestellt und verteilt, was zu einem erhöhten betrieblichen und organisatorischen Aufwand für das EVU führt. Im Hauptlauf bestehen daher die Züge des EWV aus unterschiedlichen Wagengattungen und Güterarten, Abb. 2.4 b. In den jeweiligen Vor- und Nachläufen allerdings werden vergleichsweise kleine Gütermengen bewegt, wofür bereits teure Ressourcen wie Triebfahrzeuge, Personal und Trassen notwendig sind. Die Wagenumstellung ist wiederum mit einem sehr hohen infrastrukturellen Aufwand (Rangierbahnhöfe mit Zugbildungsanlagen, siehe Kap. 2.2.2.1) verbunden und birgt Risiken für die Transportdauer und -qualität. Die hieraus resultierenden hohen Fixkosten erfordern ein entsprechend starkes Wagenaufkommen durch eine flächendeckende Bedienung, um ansatzweise in der Lage zu sein, im Vergleich zum Straßengüterverkehr wettbewerbsfähige Stückkosten zu erzielen. Deshalb blieb der EWV ausschließlich den großen EVU, oft (ehemalige) Staatsbahnen, vorbehalten, wenngleich in Deutschland seit der Liberalisierung zunehmend die Nichtbundeseigenen Eisenbahnen (NE) bzw. Wettbewerbsbahnen den SGV im Nahbereich abwickeln und mit der Gründung von überregionalen und internationalen Netzwerken auch vereinzelt EWV anbieten. Die 2007 gegründete „XRail“ z.B. ist eine Produktionskooperation von aktuell sieben großen EVU aus Mitteleuropa mit dem Zweck, den europäischen EWV zu stärken. [11, 19, 26, 31]

Für den Zeitraum 2015 bis 2019 beziffert die DB Cargo den durchschnittlichen Anteil des EWV an ihrem innerdeutschen SGV mit 30 % [32]. Bezogen auf den gesamten SGV dürfte der Wert jedoch geringer ausfallen, da die DB Cargo aus oben genannten Gründen zwar noch die marktbeherrschende Stellung im EWV innehat, im gesamten SGV jedoch kontinuierlich Marktanteile an die NE verliert. Der Marktanteil der NE überstieg 2018 mit 52,8 % erstmalig den Anteil von DB Cargo [33].

2.1.2.3 Kombinierter Verkehr

Der intermodale Verkehr ist eine Form der Transportabwicklung, bei der die Güter von der Quelle bis zur Senke verkehrsträgerübergreifend in denselben, mechanisch behandelbaren Transportgefäßen, den sog. Ladeeinheiten (LE), befördert werden. Der Übergang zwischen den Verkehrsmitteln erfolgt in intermodalen Umschlaganlagen (Terminals) ohne Auflösung der LE. [18, 34] Dahingehend wird unter kombiniertem Verkehr (KV) mehrheitlich eine Sonderform des intermodalen Verkehrs verstanden, bei welcher der möglichst kurz zu haltende Vor- und Nachlauf über die Straße und der Hauptlauf über die Schiene oder das Wasser abgewickelt wird [34–36]. Seltener wird KV auch im Rahmen des multimodalen Vekehrs, also verkehrsträgerübergreifender Transporte mit konventionellem Umschlag [34, 35], oder gar verkehrsmittel-, aber nicht zwangsläufig verkehrsträgerübergreifender Transporte in LE verwendet [37].

Weiterhin wird zwischen begleitetem und unbegleitetem KV unterschieden. Bei ersterem werden selbstständige LE bzw. komplette Fahrzeuge (i.d.R. Last- oder Sattelzüge) auf das Trägerfahrzeug eines anderen Verkehrsträgers verladen (Huckepackverkehr). Die Rollende Landstraße (RoLa) ist ein Beispiel des Huckepackverkehrs mit Lkw auf Bahn, wobei die Lkw-Fahrer im angehängten Reisezugwagen mitfahren. Demgegenüber werden beim unbegleiteten KV unselbstständige LE, also Container, Wechselbehälter oder Sattelanhänger verladen, siehe Abb. 2.4c und 2.5. [11, 18, 34, 38]

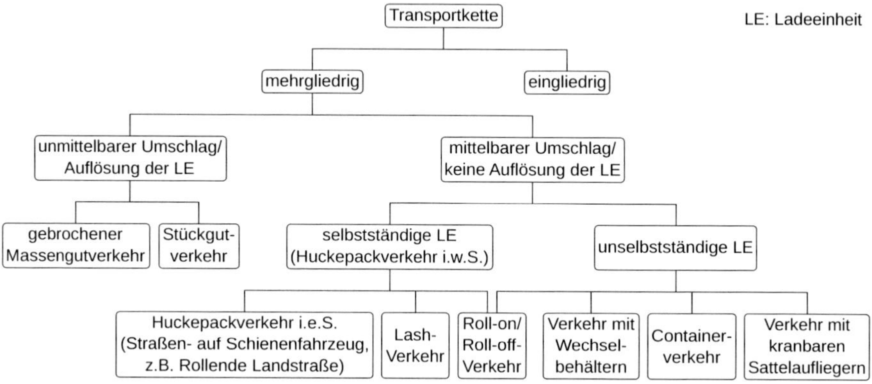

Abb. 2.5: Erscheinungsformen des kombinierten Verkehrs nach [18, 39]

Zweck des KV ist es, durch Kombination der systemspezifischen Vorteile verschiedener Verkehrsträger (z.B. Schiene und Straße mit ihrer jeweils überlegenen Massenleistungs- bzw. Netzbildungsfähigkeit) rationelle Lösungen für die infolge des Güterstrukturwandels komplexer werdenden Transportbedarfe anzubieten [18]. In Anbetracht der bahntypischen Kostenstrukturen und der erforderlichen Umschlagsleistungen ist der KV je nach Quelle ab Transportentfernungen von 350 km oder 500 km bis 700 km wirtschaftlich [20, 40].

Die mittlerweile selten gebrauchte Bezeichnung Kombinierter (Wagen-)Ladungsverkehr (KLV) stammt aus den 1950er Jahren, als im SGV auch der Palettenverkehr unter KV fiel und so vom konventionellen WLV abgegrenzt wurde [11, 34].

2.1.3 Produktionsverfahren

2.1.3.1 Klassisches Verfahren (veraltet)

Vor Einführung des Knotenpunktsystems wurde der EWV im klassischen Verfahren durchgeführt. Dieses war dadurch gekennzeichnet, dass der Wagenlauf weitgehend dem Leitungsweg entsprach und flächendeckend viele Güterverkehrsstellen sowie Rangierbahnhöfe (Rbf) durch die Zuggattungen Nah-, Durchgangs- und Übergabegüterzug (Ng, Dg und Üg) angefahren wurden. [8, 11]

In [8] wird das folgende Beispiel für das klassische Verfahren gegeben: Eine beladene Wagengruppe X am Bahnhof A2 mit dem Ziel B3 wird einem aus Richtung C eingefahrenen Ng zugesetzt und zum nächsten Rbf A befördert, Abb. 2.6. Der Ng ist also ein Mehrgruppenzug, welcher auf den Unterwegsbahnhöfen gekürzt oder verlängert und schließlich am Rbf A aufgelöst wird. Dort wird X umgestellt und gelangt in einem Dg bzw. Eingruppenzug zum Rbf B, wo sie mit anderen Wagen wieder zu einem Ng Richtung D zusammengesetzt wird. Zweckmäßig ist X an dritter Stelle der Wagengruppen angereiht, entweder von Zugspitze oder Zugende aus betrachtet, sodass sie mit möglichst wenig Rangieraufwand am dritten Unterwegsbahnhof, dem Zielbahnhof B3 abgesetzt werden kann.

Der wesentliche Vorteil dieses Verfahrens war die umfassende Flächenerschließung durch Ng, die zahlreiche kleine und kleinste Bahnhöfe bedienten. Jedoch überwogen die Nachteile des hierfür nötigen hohen Personal- und Rangieraufwands, der ungünstigen Auslastung der Triebfahrzeuge sowie der langen Wagenumlaufzeiten. [11]

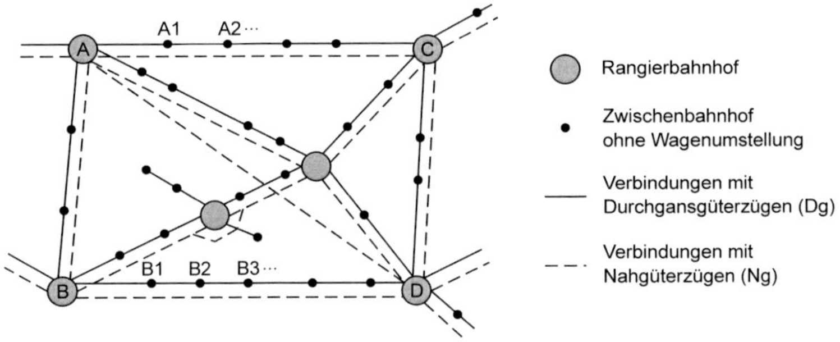

Abb. 2.6: Streckennetz und Güterzugverbindungen des klassischen Verfahrens nach [8]

2.1.3.2 Knotenpunktverfahren

Das Ordnungsprinzip des Knotenpunktsystems (KPS) teilt die zahlreichen Bahnhöfe bzw. Knotenpunkte im Streckennetz in die drei Kategorien Satelliten- (Sat), Knoten- (Kbf) und Rangierbahnhof (Rbf) jeweils mit definiertem Aufgabenumfang (siehe Kap. 2.2.2.1–2.2.2.2) ein und sieht eine mehrstufige Zugbildung in diesen geografisch voneinander getrennten Bahnhöfen vor. Güterverkehrsstellen (GVS), die ein geringes Wagenaufkommen haben und sich in der gleichen Region befinden, fallen unter die Kategorie Sat und sind jeweils einseitig mit der regionalen ZBA, dem Kbf, verbunden, Abb. 2.7. Zusammen mit den Zusatzanlagen des Kbf und den Streckenabschnitten zu den jeweiligen Sat bilden sie einen

Knotenpunktbereich. Mehrere Kbf sind wiederum einer überregionalen ZBA, dem Rbf, zugeordnet, mit dem sie den Sammler-/Verteilerbereich, auch Rangierbahnhofsbereich genannt, bilden. [11, 38, 41]

Mittels Rangierfahrten werden am Sat die Wagen eines Anschlusses oder mehrerer Gleisanschlüsse sowie Ladestellen erstmalig gebündelt und ein Üg wird gebildet. Der Üg transportiert typischerweise nur wenige Wagen und legt relativ kurze Strecken zum nächsten Kbf zurück. Dort werden dessen Wagen mit weiteren Wagen anderer Sat der gleichen Region zu einem Ng zusammengesetzt (Nahumstellung) und zum Rbf befördert. Am Rbf wird der Zug aufgelöst, die Wagen werden nach ihren Richtungsgleisen sortiert (Fernumstellung) und zu neuen Dg bzw. Eingruppenzügen für den überregionalen Transport (Hauptlauf) gebildet. Da die Wagen dieses Güterfernzuges in der Regel unterschiedliche Ziele haben, erfolgt ihre Verteilung nach Ankunft am Ziel-Rbf analog zum Sammeln in umgekehrter Reihenfolge über Kbf und Sat bis zur Empfangsladestelle.

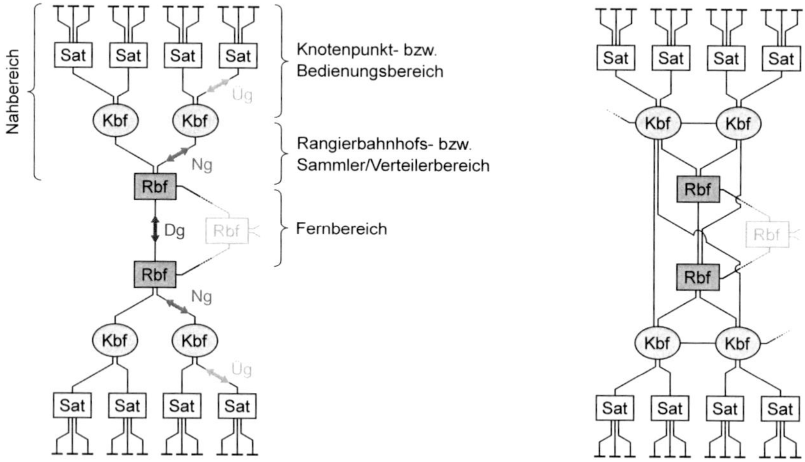

Abb. 2.7: Ordnungssystem des Knotenpunktverfahrens (links) und flexiblen Knotenpunktverfahrens (rechts) nach [11, 31, 38]

Ziel des Knotenpunktverfahrens ist der effizientere Ressourceneinsatz durch höhere Auslastung der Güterfernzüge durch Bündelung von Verkehrsströmen einerseits, der Triebfahrzeuge sowie des Personals durch Konzentration der Rangierarbeiten auf Kbf und Rbf andererseits. Insbesondere die Rbf sind auf die hochautomatisierte Wagenumstellung sowie Zugbildung ausgelegt (Kap. 2.2.2.1) und bezwecken keine Be- oder Entladung von Gütern. Der dadurch beschleunigte Wagendurchlauf und die reduzierte Sammelzeit der Wagen für die jeweiligen

Richtungen aufgrund der häufigeren Abfahrten tragen zu kürzeren Wagenumlaufzeiten bei. Hingegen verursacht die Einhaltung der Knotenhierarchie Umwege und erfordert starre Zeitfenster. Zudem ist die Flächenerschließung geringer im Vergleich zum klassischen Verfahren. [8, 11, 41]

Beim Flexiblen Knotenpunktsystem (FKPS), einer Modifikation des KPS, wird insofern von der ursprünglichen Knotenhierarchie abgewichen, als dass bei entsprechendem Verkehrsaufkommen im Sammler-Kbf auch gut ausgelastete Züge im Direktverkehr zum Verteiler-Kbf oder zumindest am Sammler-Rbf vorbei zum Verteiler-Rbf und umgekehrt gefahren werden (Abb. 2.7). Die Rbf können hierdurch entlastet, die Transportzeit und -qualität infolge vermiedener Wagenumstellungen verbessert und Umwege reduziert werden. [11, 31, 38]

Um den Nachteilen des klassischen Verfahrens im EWV entgegenzuwirken, wurde 1975 das KPS als Produktionsverfahren der damaligen Deutschen Bundesbahn eingeführt und seither schrittweise angepasst. Im Rahmen des Sanierungsprogramms „Marktorientiertes Angebot Cargo" (MORA C) wurde von 2002 bis 2004 die unwirtschaftliche Bedienung von schwachfrequentierten Gleisanschlüssen sukzessive eingestellt und die Zahl der Üg zugunsten der Streckenleistungsfähigkeit drastisch reduziert, siehe auch Kap. 2.2.2.2. Mit der nächsten Reformation des KPS, dem „Produktionssystem *200X*", wurden zum Fahrplanwechsel 2006/2007 weitere Direktverbindungen geschaffen, die Wagenumstellung wurde stärker auf auschließlich neun leistungsstarke Rbf konzentriert und der Vekehr mit ausländischen Rbf über ausgewählte ZBA, den sog. Gateways, gelenkt. [25, 26, 31]

2.2 Rangieren

2.2.1 Rangiervorgänge

Rangieren ist ein Sammelbegriff für verschiedene Fahrzeugbewegungen, die keine Zug- oder Sperrfahrt darstellen und somit ein Teilbereich des Bahnbetriebs. Diese Bewegungen finden bis auf bestimmte Ausnahmen (z.B. Baustellen) im Bahnhof statt. Dabei werden unabhängig von der Antriebsart folgende Fahrzeugbewegungen unterschieden [14]:

- **Umsetzen/Rangierfahrt** ist die zweckgebundene Bewegung eines einzelnen arbeitenden Triebfahrzeugs oder einer Gruppe gekuppelter Fahrzeuge mit mindestens einem arbeitenden Triebfahrzeug. Die umzusetzende Fahrzeuggruppe bleibt während der gesamten Bewegungsdauer mit dem arbeitenden Triebfahrzeug als eine geschlossene Rangiereinheit verbunden.
- **Ablaufen** ist das Bewegen von Fahrzeugen durch ihre Schwerkraft, in der Regel von einem Ablaufberg herab, über den die Fahrzeuge abgedrückt werden, siehe auch Kap. 2.2.2.1.

- **Abstoßen** ist das Bewegen von Fahrzeugen, bei dem sie von einem nicht gekuppelten Triebfahrzeug angeschoben werden und nach dessen Abbremsen durch die erteilte kinetische Energie alleine weiterrollen. Das Anschieben kann auch durch eine mit dem arbeitenden Triebfahrzeug gekuppelte Fahrzeuggruppe erfolgen.
- **Beidrücken** (Rangiersignal Ra 1 oder Ra 2) ist das Zusammenschieben auseinanderstehender Fahrzeuge in Vorbereitung auf das Kuppeln.
- **Aufdrücken** (Rangiersignal Ra 3) ist die geringfügige Bewegung von Fahrzeugen zum Zusammendrücken der Seitenpuffer, um das Ein- oder Aushängen der Schraubenkupplung zu ermöglichen bzw. zu erleichtern.
- **Verschieben** ist das Bewegen von Fahrzeugen durch Menschenkraft oder durch einen Antrieb, der nicht von einem Triebfahrzeug ausgeht (z.B. stationäre Seilrangieranlage).

Darüber hinaus umfasst Rangieren auch die Tätigkeiten des Rangierpersonals, wie das (Ent-)Kuppeln von Fahrzeugen, das Festlegen und Verriegeln loser Fahrzeugeinrichtungen, das Legen von Hemmschuhen und das Sichern abgestellter Fahrzeuge mit Radvorlegern, sowie das Bedienen von ortsgestellten Weichen. Grundsätzlich rangiert der Triebfahrzeugführer nach Prüfung der Bedingungen für das Bewegen der Fahrzeuge. Hierfür kann er dem Rangierbegleiter bei Bedarf bestimmte Aufgaben übertragen.
Das Rangieren dient zum Auflösen, Zusammenstellen (Bilden) und Umsetzen von Zügen, zum Bespannen eines Zuges mit einer Lokomotive, zur Überführung von Fahrzeugen zu Abstellgleisen, Reinigungs- und Instandhaltungsanlagen oder zur Bedienung von Gleisanschlüssen und Ladestellen, siehe Kap. 2.2.2. Der Großteil des Rangierbetriebs findet jedoch im SGV statt. [42, 43]

2.2.2 Bahnanlagen mit Rangierbetrieb

Bahnanlagen sind „alle Grundstücke, Bauwerke und sonstigen Einrichtungen einer Eisenbahn, die [...] zur Abwicklung [...] des Reise- oder Güterverkehrs auf der Schiene erforderlich sind. [...] Es gibt Bahnanlagen der Bahnhöfe, der freien Strecke und sonstige Bahnanlagen." (§ 4 Abs. 1 EBO) Bahnhöfe wiederum sind „Bahnanlagen mit mindestens einer Weiche, wo Züge beginnen, enden, ausweichen oder wenden dürfen." (§ 4 Abs. 2) Mit Ausnahme von Baugleisen auf freier Strecke wird demnach ausschließlich auf Bahnhöfen und sonstigen Bahnanlagen rangiert. Aus betrieblicher Sicht der DB zählen dazu Bahnhöfe mit unmittelbarem Bezug zum SGV (Gleisanschluss, Güterverkehrsstelle, Zugbildungsbahnhof, Umschlagbahnhof), sowie sonstige Bahnanlagen mit mittelbarem Bezug zum SGV und Schienenpersonenverkehr (Bahnbetriebswerk, Ausbesserungswerk) [11, 38].

2.2.2.1 Zugbildungsbahnhof

Der Zugbildungsbahnhof (Zbf) ist ein nicht öffentlicher Betriebsbahnhof und somit kein Güterbahnhof im engeren Sinn. Er dient nicht als Zugangsstelle zum Schienennetz für die Güter, sondern rein innerbetrieblichen Aufgaben im Produktionsverfahren des EWV. Um den Transportaufwand zu minimieren, werden dort die Güterwagenströme zwischen ihren Quellen und Senken zusammengefasst, aufgeteilt und umgruppiert bzw. die entsprechenden Güterzüge aufgelöst und mit Wagenumstellung neu gebildet [8]. Dem Ordnungsprinzip des KPS gemäß werden Zbf in Rangierbahnhöfe für die Zugbildung im Fernbereich und Knotenpunktbahnhöfe für den Nahbereich unterteilt. Teilweise wird der Rangierbahnhof lediglich als Zugbildungsanlage (ZBA) bezeichnet [25] oder auch als überregionale und der Kbf entsprechend als regionale ZBA [38].

Die Zugbildungsaufgaben wurden im Laufe des 20. Jahrhunderts durch wiederkehrende Rationalisierungsmaßnahmen immer stärker auf eine schrumpfende Zahl von Zbf konzentriert. In Gesamtdeutschland sank ihre Zahl von ca. 730 im Fahrplanjahr 1975/76 über 210 bei der Gründung der Deutschen Bahn 1994 [44] bis hin zu 32 heute (BT-Drucks. 19/15100). Von den 32 Zbf besitzen lediglich die größten neun Rangierbahnhöfe insgesamt 13 Ablaufberge. Die Rangierbahnhöfe Maschen, Gremberg, Seelze und Mannheim verfügen jeweils über zwei Ablaufberge für die entgegengesetzten Verkehrsrichtungen (BT-Drucks. 19/26856).

Rangierbahnhof

Der Rangierbahnhof (Rbf) ist ein Zbf, auf dem spezielle Anlagen und Technologien den Ablaufbetrieb und eine besonders effiziente Umsetzung der Zugbildungsaufgaben ermöglichen. Ein Rbf setzt sich in der Regel aus drei nacheinander angeordneten Gleisgruppen zusammen, nämlich der Einfahr-, Richtungs- und Ausfahrgruppe, Abb. 2.8. Je nach charakteristischem Längsprofil des Rbf wird zwischen einem Flachbahnhof mit Ablaufberg und einem Gefällebahnhof unterschieden. Beim ersteren sind die Gleise in den einzelnen Gleisgruppen vorwiegend waagerecht oder bis 2,5 ‰ geneigt. Das Ablaufen in die Richtungsgruppe erfolgt über einen vorgelagerten künstlichen Hügel (Ablaufberg). Für die restlichen Rangierbewegungen sind Rangiermittel (Kap. 2.2.3) notwendig. Bei einem Gefällebahnhof hingegen weisen die Gleise bis auf die Ausfahrgruppe eine durchschnittliche negative Längsneigung von 7-10 ‰ auf, sodass fast alle Rangierbewegungen mittels Schwerkraft erfolgen können. Nürnberg Rbf und Rbf Basel-Muttenz II (Schweiz) sind Ausnahmen, bei denen aus heutiger Sicht vor allem örtliche Geländeverhältnisse die Anordnung einer gesamten Gleisgruppe im Gefälle noch rechtfertigen. [8, 11] Darüber hinaus sind Rbf nahezu ausschließlich als Flachbahnhöfe mit Ablaufberg vorzufinden, daher wird der Begriff Rbf in der vorliegenden Arbeit auch stets auf solche bezogen.

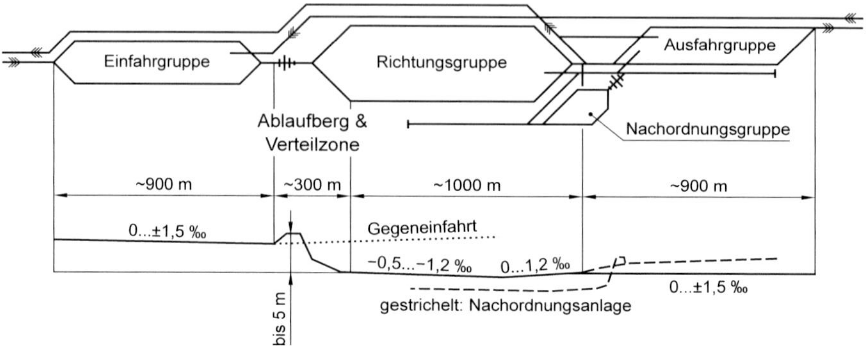

Abb. 2.8: Schema eines einseitigen Rangierbahnhofs (Flachbahnhof mit Ablaufberg) nach [8]

Die Einfahrgruppe ist eine Gruppe von Hauptgleisen (auch Einfahrgleise genannt) mit bis zu 1,5 ‰ Längsneigung zugunsten der Entwässerung, wobei es einerseits energetische Vorteile bringt, wird das Gefälle in Richtung des Ablaufberges ausgerichtet und andererseits, wenn die Einfahrgleise in einer Hochlage angeordnet sind, siehe Abb. 2.8. Aus betrieblicher Sicht ist die Einfahrgruppe die Aufnahmestelle für aufzulösende Güterzüge aus dem Streckennetz und fungiert als Puffer gegenüber dem diskontinuierlichen Zulauf. Darüber hinaus werden hier die Vorarbeiten für die Zugauflösung und den Ablaufvorgang durchgeführt. Diese beinhalten in der Regel:

- Wegsetzen der Zuglokomotive,
- ggf. Sichern des Wagenzuges gegen unbeabsichtigtes Wegrollen,
- wagentechnische Eingangsuntersuchung,
- Übergabe der Ladungsdokumente und Erfassung der Abläufe durch die Zugabfertigung,
- ggf. Umsetzen von Wagen mit Sonderbehandlung (z.B. Ablaufverbot),
- Schließen der Luftabsperrhähne, Trennen der Hauptluftleitung (HLL), Langmachen der Schraubenkupplung zwischen den Abläufen und Entlüften des Bremszylinders und
- Ansetzen der Abdrücklokomotive.

In Anbetracht des Ablaufvorgangs wird ein Einzelwagen gleich einer zusammenhängenden Wagengruppe behandelt. Daher werden diese jeweils als ein Ablauf bezeichnet. Während die Abdrücklokomotive den Wagenzug über den Ablaufberg schiebt, werden die langgemachten Kupplungen noch vor dem Gipfel manuell mit einer Entkupplungsstange losgehängt. Die Zugauflösung erfolgt, indem die Abläufe mithilfe ihrer Schwerkraft sowie teils durch die von der Abdrücklokomotive erteilen kinetischen Energie nacheinander die Ablauframpe hinab in die Richtungsgruppe rollen. Dabei durchlaufen sie je nach Größe der Anlage mehrere, vom Ablaufstellwerk automatisch gesteuerte Verteilerweichen und ein bis drei Bremsstaffeln (Rampen-, Tal- und Richtungsgleisbremse), Abb. 2.9. Die Weichen haben die Funktion, Abläufe in ihre Zielgleise der Richtungsgruppe zu leiten. Die Bremsstaffeln bezwecken, dass die Wagen – unter Berücksichtigung ihrer unterschiedlichen Massen, Laufeigenschaften, Laufwege und der Abdrückgeschwindigkeit – in einem für die Weichenumstellung ausreichenden Abstand zueinander ablaufen und idealerweise kuppelreif vor dem vorherigen Wagen des Zielgleises zum Stehen kommen, jedoch nicht die zulässige Auflaufgeschwindigkeit überschreiten. [8, 38]

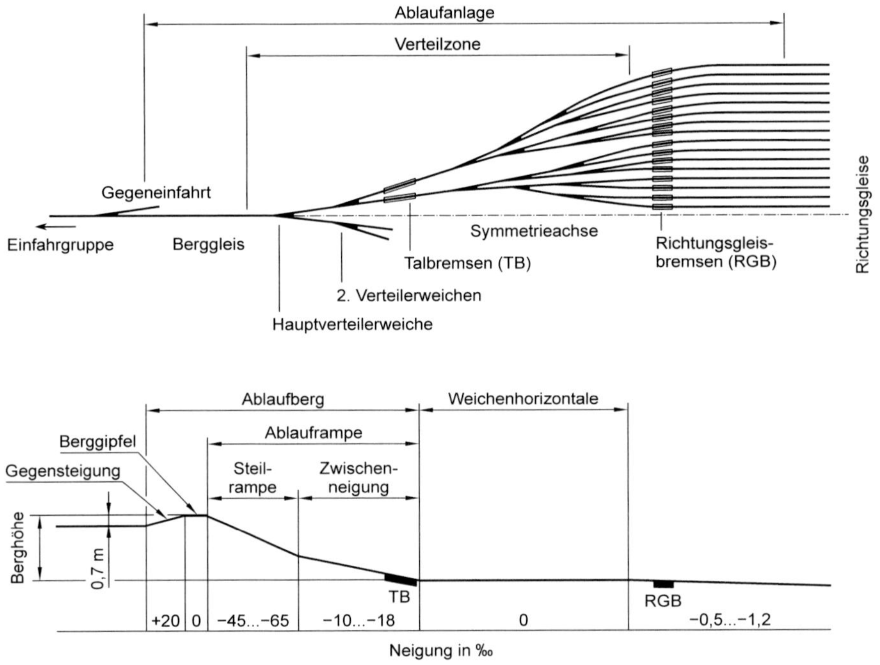

Abb. 2.9: Schema und Längsschnitt einer Ablaufanlage nach [8]

Die Richtungsgruppe besteht aus einer Anzahl von Richtungsgleisen, die sich aus den Verteilerweichen der Ablaufanlage entwickeln, Abb. 2.10. Dort werden die Abläufe nach Ausgangsrichtungen von Ein- und Mehrgruppenzügen getrennt, nach örtlichen Aufgaben auf Zusatzanlagen des Rbf sowie nach bestimmten Wagengattungen bzw. Schadwagen gesammelt und für den Wagenausgang vorbereitet (Zugbildung). Bei reinen Richtungsgruppen beinhaltet die Vorbereitung das kuppelreife Beidrücken der Wagen durch eine Rangierlokomotive oder eine stationäre Förderanlage (Beidrückeinrichtung siehe Kap. 2.2.3) und das Einhängen der Kupplungen. Die Überführung des Wagenzuges in die Ausfahrgruppe erfolgt als Rangierfahrt. [8]

Abb. 2.10: Richtungsgruppe des Rangierbahnhofs Nanxiang nordwestlich von Shanghai, China [MNXANL, CC BY-SA 4.0]

In der Ausfahrgruppe werden die in den Richtungsgleisen gesammelten und ggf. über die Nachordnungsgruppe in der Bedienungsfolge geordneten Wagen aufgenommen und der Ausgangsbehandlung unterzogen. Diese beinhaltet:

- das Kuppeln der HLL und Öffnen der Luftabsperrhähne,
- das Kurzmachen der Schraubenkupplung,
- eine wagentechnische Ausgangsuntersuchung (Erkennen von Schadwagen, Ladungsverschiebung etc.),
- das Befüllen der HLL entweder durch eine Lokomotive oder eine stationäre Druckluftanlage,
- eine Zusammenstellung der Frachtbriefe, Wagenzettel, Bremszettel etc. durch den Zugabfertiger und Übergabe an den Triebfahrzeugführer,
- das Anbringen von Zugschlusssignalen und
- das Ansetzen der Zuglokomotive und ggf. der Wagen mit Sonderbehandlung.

Darüber hinaus übernimmt die Ausfahrgruppe analog zur Einfahrgruppe die Pufferfunktion gegenüber dem diskontinuierlichen Abfuhr der Züge ins Streckennetz. [8, 38, 43]

Der Rbf ist somit eine komplexe und investitionsintensive Bahnanlage mit besonderen Technologien zur automatisierten Auflösung und Bildung von Güterzügen im Fernbereich. In den meisten großen Bahnländern außerhalb Europas ist die automatische Mittelpufferkupplung (MPK) auch im SGV verbreitet, sodass das Lang- und Kurzmachen sowie das mechanische Kuppeln ebenfalls automatisch erfolgen, siehe auch Kap. 2.4.1 zur digitalen automatischen Kupplung.

Knotenpunktbahnhof

Der Knotenpunktbahnhof (Kbf) zählt zu den Zbf und befindet sich auf der zweithöchsten Ebene der Zugbildungshierarchie des KPS. Als Schnittstelle zwischen Nah- und Fernbereich ist er dem Rbf vorgelagert bzw. ihm bei der Zugauflösung in der Zielregion nachgelagert, siehe Kap. 2.1.3.2. Durch den Güterstruktureffekt und die damit einhergehende Konzentration der Zugbildungsaufgaben auf wenige Zbf wurden die meisten Rbf stillgelegt und einige in Kbf umstrukturiert, sodass sie historisch bedingt über einen Ablaufberg verfügen. Im Allgemeinen wird dem Kbf jedoch das Flachrangieren unterstellt. Der Kbf ist die regionale Leitstelle für die Steuerung und Kontrolle der Transporte im EWV, in welcher die Rangierlokomotiven und das Rangierpersonal stationiert sind und von dort aus die angebundenen, in der Regel unbesetzten Sat bedienen. [6, 11, 31]

2.2.2.2 Güterverkehrsstelle

Güterverkehrsstellen (GVS) sind Bahnanlagen, die das öffentliche Gleisnetz mit den Gleisanschlüssen verbinden, und werden in Satellitenbahnhöfe (öffentlich) und Anschlussbahnen (privat) unterteilt. GVS sind in der Regel für die Bildung von Zügen und deren Überführung ins Streckennetz ausgebaut. Gleisanschlüsse (Gla) wiederum sind Bahnanlagen mit besonderen technischen, meist ortsfesten Einrichtungen (sog. Güterverkehrsanlagen), die der Erschließung des Geländes oder Gebäudes dienen, jedoch nicht Bestandteil der Eisenbahninfrastruktur sind, wie z.B. Ladestraßen, Laderampen, Umschlaganlagen, Wagenkippanlagen. Als Zugangsstelle zum Gleisnetz beginnt und endet dort der Schienengütertransport, häufig findet darüber hinaus der Übergang in ein anderes Verkehrssystem statt. Die Gestaltung eines Gla reicht im einfachsten Fall von einem Anschlussgleis mit einer einzigen Ladestelle über ausgedehnte Ladestellenbereiche in Industrie- und Hafenbahnen bis zu komplexen Teilnetzen mit mehreren Bahnhöfen. Je nach Verkehrsaufkommen und Güterart variiert auch ihre Ausstattung hinsichtlich Umschlag- und Lagertechnik. Da die meisten Gla nicht öffentlich sind, werden sie oft mit Anschlussbahnen gleichgesetzt. [11, 35]

Satellitenbahnhof

Der Satellitenbahnhof (Sat) wird im Kontext des KPS häufig mit der Güterverkehrsstelle gleichgesetzt und besetzt die unterste Hierarchieebene der Zugbildung. Er ist in der Regel einseitig an einen Kbf angeschlossen (Abb. 2.11) und verfügt weder über eigene Rangiermittel noch entsprechendes Personal [6, 11, 25, 31]. Seine betrieblichen Aufgaben setzen sich aus:

- dem Vorhalten von Güterverkehrsanlagen zur Be- und Entladung (öffentliche Ladestellen) sowie von Gleisanlagen zum Kundenanschluss,
- dem Sammeln der Wagen von den bzw. Verteilen der Wagen zu den Ladestellen der mit dem Sat verknüpften Gleisanschlüsse mittels Rangierfahrten und
- dem Bilden und Auflösen von Übergabezügen zusammen.

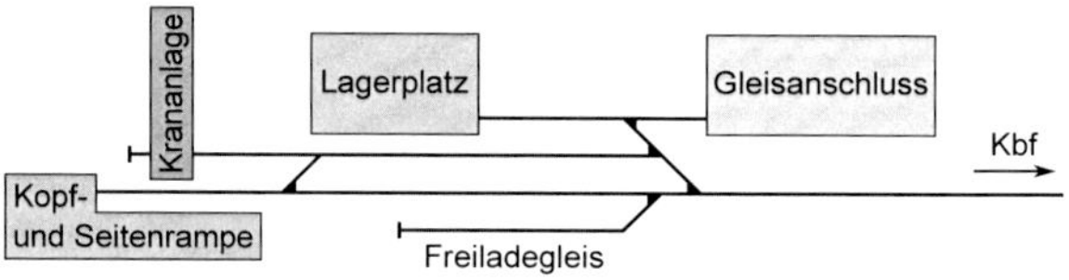

Abb. 2.11: Schematische Darstellung eines Satellitenbahnhofs mit Ladestellen und Gleisanschluss nach [38].

Anschlussbahn

Eine Anschlussbahn ist eine NE, die an eine öffentliche Eisenbahn angeschlossen ist und deren Betriebsmittel auf letztere übergehen. Es wird je nach Anbindung zur öffentlichen Eisenbahn zwischen den in Abb. 2.12 dargestellten Arten von Anschlussbahnen unterschieden: Eine Bahnhofsanschlussbahn ist über einen Bahnhof der öffentlichen Bahn, dem Sat, zugänglich, eine Streckenanschlussbahn dagegen über eine freie Strecke. Die Anschlussweiche definiert meist die Grenze der Anschlussbahn. Eine Hauptanschlussbahn ist direkt an eine öffentliche Bahn angebunden, während die nachgelagerten Nebenanschlussbahnen nur unter Nutzung von Gleisanlagen der Hauptanschlussbahn Zugang zum öffentlichen Gleisnetz haben. Industriestammgleise sind eine besondere Form des Hauptanschlusses, die z.B. ein Industriegebiet oder einen Hafen erschließen, von dem diverse Nebenanschlüsse abzweigen. [11, 45]

Während Rbf mit ZBA hinsichtlich ihrer Lage im Streckennetz und ihrer infrastrukturellen Gestaltung für einen hohen Güterdurchsatz optimiert wurden, waren die Dichte und Verteilung von privaten Gleisanschlüssen (PGA) eng mit der wachsenden Struktur von Produktionswerken zu Beginn der Industrialisierung gekoppelt. Aufgrund der niedrigen Fahrgeschwindigkeiten im Rangierbetrieb und des Umstandes, dass fast ausschließlich Güter im nicht-öffentlichen Bereich transportiert wurden, konnten die Aufsichtsbehörden Gleisanlagen, Fahrzeuge und Bertriebsführung auch abweichend vom öffentlichen Verkehr zulassen. Die Zulassung erfolgte gemäß der Verordnung über den Bau und Betrieb von Anschlussbahnen (BOA) bzw. der Eisenbahn-Bau- und Betriebsordnung für Anschlussbahnen (EBOA). So sind auf vielen Anschlussbahnen betriebsspezifische, rein intern genutzte Fahrzeuge (z.B. Torpedowagen einer Eisenhütte) oder Gleisanlagen vorzufinden, die an extreme bauliche Gegebenheiten angepasst sind (z.B. sehr kleine Bogenradien). Die relative Autonomie und die enge Bindung an industrielle Produktionsprozesse der Anschlussbahnen begünstigten zudem neue Entwicklungen, die später Verbreitung im gesamten Bahnbetrieb fanden, wie die Funkfernsteuerung von Rangierlokomotiven oder die elektrisch ortsgestellte Weiche (EOW). [11]

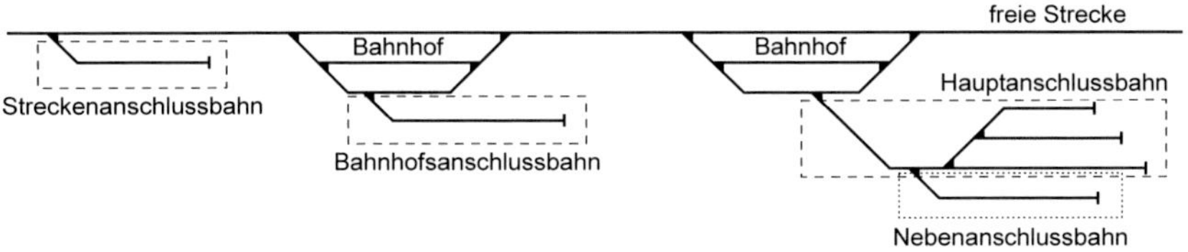

Abb. 2.12: Unterscheidung von Anschlussbahnen nach Strecken- und Bahnhofs- sowie Haupt- und Nebenanschlussbahn nach [11, 46]

Die betriebseigene Bahnlage generierte aus Sicht der produzierenden Unternehmen keine unmittelbare Wertschöpfung, sodass sie häufig infolge betriebsinterner Rationalisierungsmaßnahmen abgeschafft wurde. Zwischen 1994 und 2003 sank die Anzahl der PGA von rund 11.700 auf 4.000, siehe Abb. 2.13. Seitdem hat sie sich auf einem niedrigen Niveau stabilisiert, wobei ab 2012 nur noch Gleisanschlüsse mit direkter Anbindung ans öffentliche Netz erfasst wurden.

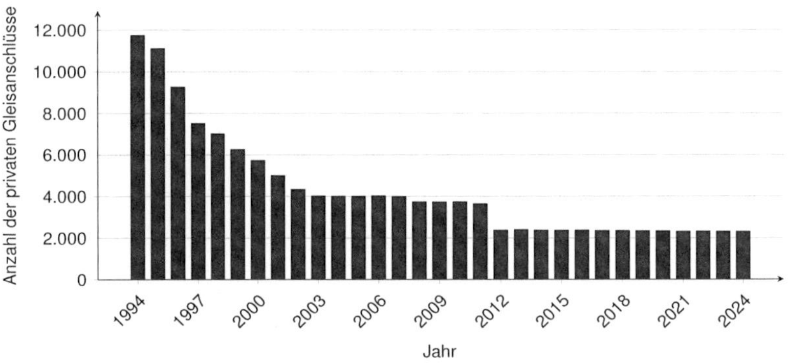

Abb. 2.13: Anzahl der privaten Gleisanschlüsse an das Schienennetz der DB nach [47, 48]

Eine Analyse des EWV-Marktes durch DB Cargo im Jahr 2000 ergab, dass 85 % ihres Umsatzes von nur 319 Großkunden (4 % der Kunden) erbracht wurde, 10 % Umsatz von 493 mittleren Kunden (7 %) und die restlichen 5 % Umsatz von 6.650 kleinen Kunden (89 %), von denen 2.239 überhaupt keinen Umsatz machten [12, 25]. Die darauf folgenden Sanierungsmaßnamen „MORA C" und „Produktionssystem *200X*" führten zwar zu weiteren Angebotseinschränkungen im EWV, jedoch deutet der starke Rückgang schon vor der Jahrtausendwende auf die Abschaffung vieler Gleisanschlüsse mangels Wirtschaftlichkeit hin, vgl. Kap. 2.1 und 2.1.3.2.

2.2.2.3 Weitere Bahnanlagen mit Rangierbetrieb

Werkbahnen
Unter Werkbahnen werden meist Anschlussbahnen verstanden, die für den vorwiegend innerbetrieblichen Materialtransport und die Bedienung von Ladestellen auf dem Werksgelände von größeren Unternehmen oder Fabriken zuständig sind. Im Gegensatz zu einer Anschlussbahn ist eine Werkbahn nicht zwangsläufig an das öffentliche Streckennetz angeschlossen (z.B. Werkbahn der Walzen Irle GmbH in Netphen). Im sogenannten Zeitalter der Länderbahnen waren die vielen Inselbetriebe Grundlage für die Netzbildung. [11, 13]

Betriebs- und Ausbesserungswerke
Betriebswerke (Bw) sind für Reinigung, betriebsnahe Instandhaltung sowie allgemein betriebliche Vorbereitungen (Tankanlagen, Ver- und Entsorgung von Nasszellen) von Schienenfahrzeugen des Personen- wie auch Güterverkehrs zuständig. In Ausbesserungswerken (Aw) werden schwere Instandhaltung und Modernisierung (Re-Design) von Fahrzeugen durchgeführt. [11, 49]

2.2.3 Kraftbetriebene Rangiermittel

2.2.3.1 Rangierlokomotive

Die Rangierlokomotive ist eine speziell für den Rangierbetrieb ausgelegte Lokomotive mit einem zentralen Führerhaus, welches bei langen Fahrzeugen möglichst mittig angeordnet wird. Zu ihren Außenanbauten gehören zusätzliche Haltemöglichkeiten und Seitenlaufgitter sowie an den Untergestellecken angebtrachte Rangiertritte für das Rangierpersonal, vgl. Abb. 2.14. Die Zug- und Stoßeinrichtung besteht aus Seitenpuffern und je nach Einsatzschwerpunkt aus der UIC-Schraubenkupplung oder dem Zughaken mit einer hochklappbaren, automatischen Rangierkupplung, die vom Lokrangierführer ferngesteuert werden kann. Neuere Rangierlokomotiven sind ab Werk mit einer Funkfernsteuerung und einem Rangierfunk auf GSM-R (zukünftig FRMCS) ausgestattet. Beim Antrieb wird eine hohe Zugkraft anstelle einer hohen Endgeschwindigkeit priorisiert. Die deutschlandweit im Einsatz befindlichen Rangierlokomotiven werden nahezu ausschließlich durch einen Dieselmotor angetrieben. Ausnahmen bilden Streckenlokomotiven mit batterie- und/oder dieselgestütztem Last-Mile-Modul (Bombardier Traxx AC3) und Hybrid-Rangierlokomotiven (Alstom Prima H3, DB-Baureihen 1004, 1094 etc.). [50–52]

Abb. 2.14: Eine Rangierlokomotive des Typs Vossloh G 6 [TeWeBs, CC BY-SA 4.0]

2.2.3.2 Zweiwege-Rangierfahrzeug

Zu Zweiwege-Maschinen zählen vor allem Baumaschinen, Nutz-, Kran- und Rangierfahrzeuge, die sowohl auf der Schiene als auch auf der Straße fahren können. Sie basieren meist auf Seriennutzfahrzeugen bzw. -maschinen, die zusätzlich über eine hydraulisch absenkbare Vorrichtung zur Spurführung verfügen, z.B. ein Fahrwerk mit stählernen Spurkranzrädern. [53] Nach DIN EN 15746-1 werden die Zweiwege-Maschinen je nach Konfiguration ihrer Straßen- und Schienenräder in die Kategorien 8, 9 A, 9 B und 9 C eingeteilt, vgl. Tab. 2.1. In allen Fällen ist ein manuelles Auf- bzw. Abgleisen (auch Ein- oder Ausgleisen genannt) notwendig, um von der Straße auf die Schiene und umgekehrt zu wechseln.

Zweiwege-Rangierfahrzeuge und -Rangiergeräte – nachfolgend nur als Rangierfahrzeug und -gerät bezeichnet – werden nach Kategorie 9 C konstruiert, da sie bei gegebener Fahrzeugmasse im Vergleich zu Triebfahrzeugen aufgrund des höheren Kraftschlussbeiwerts zwischen Gummi und Stahl größere Anhängelasten auf der Schiene bewegen können. Dies trägt jedoch zum unverhältnismäßigen Verschleiß des Gummirads bei [55]. Dabei stützt sich die Fahrzeugmasse zu etwa 75 % auf die Gummi- bzw. Straßenräder und zu 25 % auf die Schienenräder ab [54].

Tab. 2.1: Kategorien von Zweiwege-Maschinen nach DIN EN 15746-1 [54]

<table>
<tr><th rowspan="2">Einstellung in den Zugverband</th><th rowspan="2">Konfiguration der Straßen- und Schienenräder</th><th colspan="2">Höchstgeschwindigkeit</th></tr>
<tr><th>$< 100\ \frac{km}{h}$</th><th>$< 60\ \frac{km}{h}$</th></tr>
<tr><td>ja</td><td>Zug- und Bremskraftübertragung durch Schienenräder, Last komplett auf Schienenrädern</td><td colspan="2">Kat. 8</td></tr>
<tr><td rowspan="3">ja zum Ziehen und Schieben an Zugenden, wenn dafür ausgelegt und zugelassen</td><td>Zug- und Bremskraftübertragung durch Schienenräder, Last komplett auf Schienenrädern</td><td colspan="2">Kat. 9 A</td></tr>
<tr><td>Indirekte Zug- und Bremskraftübertragung von Straßenrädern auf Schienenräder, Last komplett auf Schienenrädern</td><td rowspan="2"></td><td>Kat. 9 B</td></tr>
<tr><td>Zug- und Bremskraftübertragung durch Straßenräder, Last auf Straßen- und Schienenräder verteilt</td><td>Kat. 9 C</td></tr>
</table>

Ähnlich wie Rangierlokomotiven werden Rangierfahrzeuge und -geräte mit Funkfernsteuerung, Rangierkupplung und ggf. Pneumatikausrüstung zur Nutzung der Druckluftbremse der gekuppelten Wagen ausgestattet. Während Fahrerhaus, Tritte und Haltemöglichkeiten des Rangierfahrzeugs dem Rangierpersonal das Mitfahren und Rangieren auf längeren Strecken erleichtern, sind kompakte Rangiergeräte meistens mitgängergeführt und daher auf Schrittgeschwindigkeit limitiert, Abb. 2.15. [53, 56, 57]

(a) Zweiwege-Rangierfahrzeug auf Basis des Unimog U400 [LosHawlos, CC BY-SA 3.0]

(b) Zweiwege-Rangiergerät [Kecko, CC BY 2.0]

Abb. 2.15: Beispiele für Rangiermaschinen der Kategorie 9 C

2.2.3.3 Seilrangieranlagen

Seilrangieranlagen werden dort eingesetzt, wo Wagen auf begrenzten Gleisabschnitten selten bis regelmäßig über kurze Entfernungen (< 1 km) rangiert werden. Bei einer Seilrangieranlage mit nicht umlaufendem Zugseil (z.B. Spillanlage oder Rangierwinde) wird das lose

Ende des manuell ausgelegten Seils in den Zughaken oder einen am Längsträger befindlichen Seilhaken des ersten Wagens eingehängt. Da das Seil nur Zugkräfte aufbringen kann, sind zusätzliche Umlenkrollen für einen Fahrtrichtungswechsel sowie Hemmschuhe zum Bremsen der Wagen erforderlich. Letztere entfallen bei einer ortsfesten Seilrangieranlage mit umlaufendem Zugseil, bei der das endlos gespleißte Seil entlang der Rangierstrecke zwischen zwei Umlenkrollen und einer Spannvorrichtung verläuft. Je nach Anschlagart an den Wagen sind die Seilrangieranlagen mit Anschlagkette, Kleinschubwagen, Pufferwagen oder Radsatzwagen ausgestattet, die jeweils mit dem umlaufenden Seil verbunden sind, Abb. 2.16.

(a) Anschlagkette

(b) Kleinschubwagen mit Kuppelstange

(c) Pufferwagen

(d) Radsatzschubwagen

Abb. 2.16: Beispiele für Anschlagmittel von Seilrangieranlagen [Rangiertechnik Magdeburg GmbH]

Die Anschlagkette wird lediglich in den seitlichen Seilhaken oder eine seitliche Öse des zu rangierenden Wagens eingehängt, Abb. 2.16a. Kleinschubwagen, auch als Unter-/Überflurwagen bezeichnet, sind in einer separaten, über- oder unterflurigen Laufschiene neben dem Gleis geführte Mitnehmer, die über eine Kuppelstange mit dem Seilhaken oder der Öse verbunden sind, siehe Abb. 2.16b. Der Pufferwagen, auch Verholwagen genannt, läuft auf demselben Gleis wie der zu rangierende Wagen und verfügt über eine Zug- und Stoßeinrichtung zum Kuppeln, siehe Abb. 2.16c. Er kann daher höhere Zugkräfte (~200 kN) übertragen als die anderen genannten Anschlagmittel (~50 kN). Ferner kann er mit einer automatischen Rangier- oder Mittelpufferkupplung ausgestattet werden, wodurch ein ferngesteuertes (Ent-)Kuppeln möglich wird. Der etwa 2 m lange Radsatzwagen, auch Radsatzschub- oder Förderwagen sowie in Zusammenschluss mit der Seilzugeinrichtung Eisenbahnwagenförderanlage genannt, fährt auf Rollen innerhalb des Gleises auf den Schienenfuß und hat klappbare Mitnehmerrollen, die die beiden Spurkränze eines Radsatzes paarweise umgreifen, siehe Abb. 2.16d. Im eingeklappten Zustand ist der Radsatzwagen profilfrei und kann unter die Wagen hindurch bewegt bzw. von den Wagen überrollt werden. [11, 46, 53]

2.3 Automatisierung des Bahnbetriebs

2.3.1 Randbedingungen

Obwohl Schienenfahrzeuge aufgrund ihrer Spurführung makroskopisch gesehen nur einen Bewegungsfreiheitsgrad besitzen, sind je nach Bahnsystem wie auch Zuggattung unterschiedliche Randbedingungen vorzufinden, die Einfluss auf den Ansatz und die Grenzen einer Automatisierung haben. Zum einen spielt der Bremsweg eine maßgebliche Rolle. In Abb. 2.17 sind die Bremswege verschiedener Züge in Abhängigkeit von der Ausgangsgeschwindigkeit dargestellt, die aus der für die jeweilige Zuggattung typischen mittleren Verzögerung bei der Schnellbremsung resultieren.

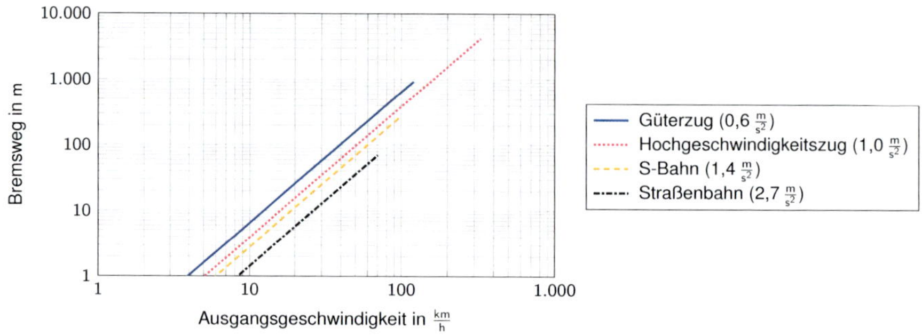

Abb. 2.17: Bremswege in Abhängigkeit von Geschwindigkeit und typischer mittlerer Verzögerung verschiedener Zuggattungen nach [15]

Da der Bremsweg bei den meisten Zuggattungen die üblichen Reichweiten der Sensoren zur Umfelderfassung (vgl. Kap. 2.3.3.5) sowie die Sichtweite in Bögen übersteigt, ist eine sichere Kollisionsvermeidung durch Überwachung des Fahrwegs allein mit fahrzeugseitiger Ausrüstung nicht möglich. Lediglich bei der Straßenbahn oder anderen Schienenfahrzeugen, die entsprechend langsam verkehren, deckt sich der Bremsweg mit den Reichweiten verschiedener Sensortypen. [13, 15]

Zum anderen ist die Komplexität der Umgebung relevant, in welcher das Fahrzeug eingesetzt wird. Unter Annahme der korrekten maschinellen Zustandserfassung ist idealerweise für jede betrieblich erdenkliche (Gefahren-)Situation eine folgerichtige Reaktion oder Handlung definiert. Die Gesamtmenge der Umgebungen, Situationen und Betriebsbedingungen, auf die ein automatisiertes System zur sicheren Operation ausgelegt wird, wird Operational Design Domain (ODD) bezeichnet. Das ODD setzt demnach den zulässigen Betriebsbereich, außerhalb dessen die Handlungsfähigkeit des System eingeschränkt und der sichere Betrieb kompromittiert ist. [58, 59]

Technische Maßnahmen zur Sicherung von Zugfahrten (Kap. 2.3.3) vorausgesetzt, lässt sich der Fahrbetrieb in einem physisch abgeschlossenen System verhältnismäßig einfach automatisieren, beispielsweise bei einer U-Bahn oder einem Peoplemover mit Bahnsteigtüren. Die Abgeschlossenheit des Systems konstitutiert sich aus dem artreinen Verkehr innerhalb eines Inselnetzes auf einem nicht öffentlich zugänglichen, unabhängigen Bahnkörper, und zusätzlicher Überwachung an dessen Schnittstelllen zu anderen Verkehrsteilnehmern. Ein offenes System hingegen erfordert ein deutlich anspruchsvolleres ODD für seine Automatisierung. Ein Extrembeispiel hierfür ist der Straßenbahnbetrieb mit innerstädtischem Verkehr auf straßenbündigem Bahnkörper, siehe Abb. 2.18. [13, 15]

2.3.2 Automatisierungsstufen

2.3.2.1 Grades of Automation (GoA)

Im Bahnwesen hat sich die Definition der Automatisierungsgrade (engl. *Grades of Automation*, GoA) nach UITP bzw. IEC 62267 etabliert, die ursprünglich zur einheitlichen Spezifikation von funktionalen Anforderungen an schienengebundene Metrosysteme erarbeitet wurde [60, 61]. Der Automatisierungsstufe entsprechend werden dem Betriebspersonal oder dem System die Verantwortlichkeit für bestimmte Basisfunktionen des Fahrgastbetriebs zugeschrieben, siehe Tab. 2.2.

GoA 0: On-sight Train Operation (OS) – Sichtbetrieb
Der Triebfahrzeugführer (Tf) ist für die Fahrbahnbeobachtung und den sicheren Fahrbetrieb verantwortlich. Er hat die alleinige Kontrolle über die Fahrzeugsteuerung. Eventuelle Schutzeinrichtungen wie Gleit- und Schleuderschutz oder Fahrerassistenzsysteme wie automatische Scheibenwischer, Blinker (Straßenbahn) und Kollisionswarner tragen definitionsgemäß nicht zu einer höheren GoA-Einstufung bei. In Deutschland wird im Straßenbahn- und Rangierbetrieb sowie vereinzelt auf Nebenbahnen ohne Reisezugverkehr auf Sicht gefahren. Wird im Zugleitbetrieb das Fahren auf Sicht angeordnet, ist nach der Fahrdienstvorschrift für

NE maximal 40 $\frac{\text{km}}{\text{h}}$ zulässig (§ 45 Abs. 5 FV-NE). Hingegen ist beim Rangieren eine Höchstgeschwindigkeit von 25 oder 30 $\frac{\text{km}}{\text{h}}$ je nach länderspezifischer BOA erlaubt. Bei Straßenbahnen wird im innerstädtischen Verkehr bis zu 50 $\frac{\text{km}}{\text{h}}$ auf Sicht gefahren, auf besonderem Bahnkörper sogar 70 $\frac{\text{km}}{\text{h}}$.

GoA 1: Non-automated Train Operation (NTO) – Manueller Betrieb mit ZBS

Beim manuellen Betrieb mit Zugbeeinflussung trägt der Tf grundsätzlich weiterhin die Verantwortung für das Beschleunigen, Bremsen und Anhalten des signalgeführten Triebfahrzeugs sowie im Fahrgastbetrieb auch für die Steuerung und Überwachung der Fahrgasttüren. Der Fahrbetrieb wird darüber hinaus durch Zugbeeinflussungssysteme (ZBS) abgesichert, die das Beachten der restriktiven Signalbegriffe mindestens punktuell überwachen und ggf. erzwingen, siehe Kap. 2.3.3. Es wird weiter differenziert zwischen den Stufen 1a für diskontinuierliche und 1b für kontinuierliche Zugbeeinflussung. In den meisten nationalen Eisenbahnsystemen ist mindestens GoA 1 auf Hauptstrecken verpflichtend, wie z.B. die auf den deutschen Bestandsstrecken vorzufindende punktförmige Zugbeeinflussung (PZB).

GoA 2: Semi-automatic Train Operation (STO) – Semiautomatischer Betrieb

Beim semi- bzw. halb- oder auch teilautomatischen Betrieb kann der Tf in bestimmten Fahrsituationen die Kontrolle des Fahrzeugs stets widerrufbar abgeben. Er ist jedoch weiterhin für die Überwachung des Fahrwegs und des Fahrgastwechsels sowie für den sicheren Betrieb verantwortlich. Die Automatik übernimmt mindestens zwei Funktionen, meist das Anfahren und Bremsen, sodass der Tf lediglich einen Abfahrtbefehl erteilen muss. Metros und städtische Nahverkehrssysteme mit kurzen Haltestellenabständen und dichter Taktung werden zur Entlastung des Tf standardmäßig in GoA 2 betrieben, wie die Victoria Line der London Underground (2009 Tube Stock) und die Linie S2 der S-Bahn Hamburg (BR 474.4).

GoA 3: Driverless Train Operation (DTO) – Begleiteter, fahrerloser Betrieb

Das fahrerlose Fahren beginnt ab Automatisierungsstufe GoA 3, auf welcher das Transportsystem fast alle sicherheitsrelevanten Basisfunktionen innerhalb seines vorgesehenen, zulässigen Betriebsbereichs (sog. Operational Design Domain, siehe Kap. 2.3.1) übernimmt. Das System ist für das Abfahren und Anhalten aber auch für die Fahrbahnüberwachung sowie für den sicheren Betrieb verantwortlich. Die Türabfertigung kann je nach Auslegung durch das System oder durch einen menschlichen Zugbegleiter erfolgen. Dieser muss kein ausgebildeter Tf sein, übernimmt aber in Störfällen und unerwarteten Situationen, die nicht vom System beherrschbar sind, die grundlegende Fahrzeugsteuerung. Daher verfügen GoA-3-Fahrzeuge mindestens über einen Notführerstand im Fahrgastraum oder eine führerstandähnliche Kabine an den Fahrzeugenden. Derzeit werden weltweit 14 öffentliche GoA-3-Systeme betrieben

[62]. Davon ist Docklands Light Railway in London, Großbritannien, das älteste.

GoA 4: Unattended Train Operation (UTO) – Begleiterloser, vollautomatischer Betrieb
Auf der höchsten Automatisierungsstufe bedarf es keinerlei betrieblichen Personals im Fahrzeug. Das Transportsystem übernimmt alle sicherheitskritischen Basisfunktionen des Fahr(gast)betriebs und ist ferner in der Lage, in einem definierten Umfang auf Störfälle zu reagieren. Der Sprung von GoA 2 auf GoA 3 stellt eine wesentlich größere Herausforderung dar als derjenige von GoA 3 auf GoA 4. Daher werden neue Metrosysteme in der Regel gleich zu Beginn auf GoA 4 ausgelegt. Zum Teil wird einem GoA-4-Betrieb eine Testphase auf GoA 3 vorgelagert, wie z.B. bei Pink Line der Delhi Metro. Aktuell sind weltweit ca. 136 GoA-4-Systeme im ÖPNV in Betrieb, die Tendenz steigend [62, 63]. Das erste GoA-4-System mit Luftbereifung und seitlichen Rollen für die Querführung ist die Port Island Line (1981) von Kobe New Transit in Japan. Auf der Schiene wurde das GoA-4-System 1985 mit dem SkyTrain (heute Expo Line) in Vancouver, Canada, eingeführt. [13, 15, 61]

Tab. 2.2: UITP-Definition der Automatisierungsgrade nach [60, 61]

Automatisierungsgrad Grade of Automation (GoA)	Fahrbetrieb	Anfahren	Fahren/ Bremsen	Türab- fertigung	Betrieb im Störfall
GoA 0	Fahren auf Sicht On-sight Train Operation (OS)				
GoA 1	Manueller Betrieb mit Zugbeeinflussung Non-automated Train Operation (NTO)				
GoA 2	Semiautomatischer Betrieb Semi-automatic Train Operation (STO)				
GoA 3	Begleiteter, fahrerloser Betrieb Driverless Train Operation (DTO)				
GoA 4	Vollautomatischer, fahrerloser Betrieb Unanttended Train Operation (UTO)				

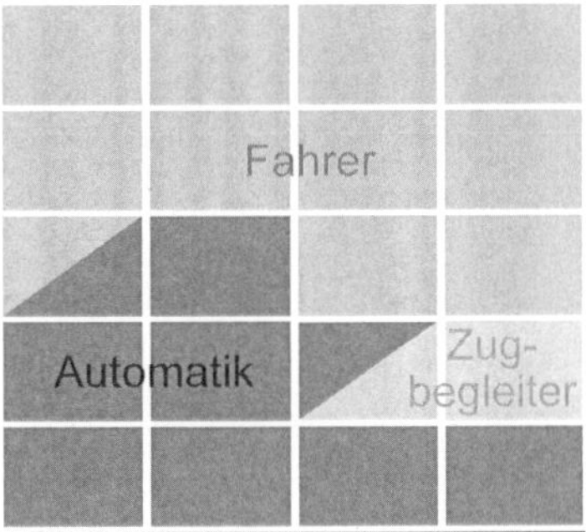

In Abb. 2.18 sind ausgewählte Bahnen bzw. Bahnsysteme nach GoA-Level und qualitativem ODD geordnet. Unter Berücksichtigung der in Kap. 2.3.1 beschriebenen Randbedingungen ist es nachvollziehbar, dass ein hoher Automatisierungsgrad vor allem bei Systemen mit komplexer ODD schwiergier umzusetzen ist. Im Hinblick auf den SGV und insbesondere den Rangierbetrieb ist zudem zu beachten, dass diese UITP-Definition nur eingeschränkt anwendbar ist, da sie ursprungsbedingt den Fahrgastbetrieb eines Metrosystems aus der Fahrzeugperspektive beschreibt und häufig nur auf den Fahrbetrieb bezogen wird.

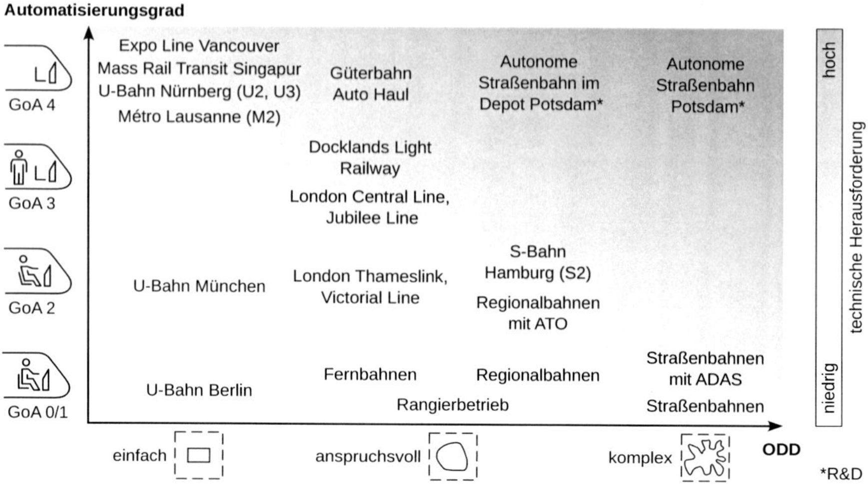

Abb. 2.18: Beispiele an Bahn(-systemen) aus Sicht des GoA und ODD.

2.3.2.2 Assistiertes, automatisches und autonomes Fahren („3A“)

Eine andere, dem GoA gegenüber etwas abstraktere Perspektive auf die Automatisierungsstufen des Fahrbetriebs stellt das „assistierte, automatische und autonome Fahren“ (abgekürzt „3A“) nach [13] dar:

Das erste A steht für „assistiertes Fahren“, bei dem der Tf in seiner Fahraufgabe durch mechatronische Zusatzeinrichtungen am Fahrzeug, den sog. Fahrerassistenzsystemen (FAS), mit einer jeweils für eine bestimmte Teilaufgabe ausgelegten Assistenzfunktion unterstützt wird, siehe auch Kap. 2.3.3.5. Der Begriff FAS wurde durch die Automobilindustrie geprägt und hat sich in den letzten Jahren auch in bestimmten Anwendungsbereichen der Bahn durchgesetzt, obwohl funktionsverwandte Systeme in Schienenfahrzeugen schon vorher existierten. Ihre Funktionen sind teils rein informativer Natur, teils für sicherheitsrelevante Eingriffe in die Fahrzeugsteuerung, z.B. PZB-Eingriff, zuständig. Grundsätzlich wird zwischen sicherheits-, komfort- oder effizienzgerichteter Funktion unterschieden. [A1]

Das zweite A steht für „automatisches Fahren“. Hier fährt und bremst das Fahrzeug fahrerlos und wird direkt von außen gesteuert. Es operiert also nicht gänzlich selbstständig, sondern führt üblicherweise als Teil eines ATO-Systems (siehe Kap. 2.3.3) die von einer zentralen Leitstelle übermittelten Befehle aus. Das automatische Fahren entspricht demnach mindestens GoA 3, ist jedoch auch auf GoA 4 übertragbar.

Das dritte A schließlich steht für „autonomes Fahren“. Autonomes Fahren bezeichnet das fahrerlose und selbstständige Fahren, bei dem das Fahrzeug den Weg zum Ziel eigenständig sucht und sich über das Freisein von Gleisen informiert. Bei Bedarf stellt es selber eine Weichenstellanforderung entweder an das Stellwerk oder lokal an die individuelle Weiche mittels V2I-Kommunikation – vergleichbar mit einem Rangierer, der eine EOW bedient. Die maschinelle Wahrnehmung der Umgebung, Situationsinterpretation und Entscheidungsfindung zur sicheren Erfüllung der funktionalen Anforderungen finden im Fahrzeug statt. In kritischen Gefahrensituationen wie auch in unbekannten, nicht im ODD definierten Situationen überführt es sich selbst unverzüglich in den sicheren Zustand. Darüber hinaus kann es im Sinne eines effizienten Betriebs Informationen von außen auf der Planungsebene verarbeiten (z.B. Positionsdaten anderer Fahrzeuge im Netz, dispositive Daten), ist aber nicht auf diese angewiesen. Gegenüber dem automatischen Fahren liegt die maßgebliche Intelligenz also im Fahrzeug. [13, 64]

Unter Berücksichtigung der in Abb. 2.17 gezeigten Bremswege, der üblichen Reichweite von On-Board-Sensorik zur Umfelderfassung (vgl. Tab. 2.4) und des Umstands, dass in der Region of Interest (ROI) eine Gefahrensituation eine deutlich höhere Dynamik aufweisen kann als das Fahrzeug selbst, erscheint das autonome Fahren für die meisten Schienenverkehrsarten unangemessen. Denn einem Fahrzeug – unabhängig davon ob mit oder ohne Tf –, welches ohne externe Beeinflussung nicht sicher vor einem betrieblich erwartbaren Hindernis anhalten kann, würde grundsätzlich keine Autonomie zugeschrieben werden. Im konventionellen, signalgeführten Schienenfahrzeug wird das Befolgen der restriktiven Signalbegriffe erzwungen, daher ist auch hier eine Autonomie des Fahrbetriebs grundsätzlich nicht gegeben. Bei der Straßenbahn im innerstädtischen Verkehr, beim Rangieren auf Anschlussbahnen ohne Stellwerk oder beim Schienenbusverkehr auf nicht signalisierten Nebenbahnen ist das autonome Fahren hingegen denkbar. Somit bietet es einen möglichen Lösungsansatz zur Automatisierung des Fahrens auf Sicht. [13, 15]

2.3.2.3 Anmerkung zum automatischen vs. autonomen Fahren

Im Hinblick auf die oben ausgeführten Automatisierungsstufen würde das autonome Fahren mindestens GoA 4 entsprechen, wenn nicht sogar höher. Ein autonomes Schienenfahrzeug würde in der Einsatzumgebung einer vollautomatischen Bahn tendenziell besser zurechtkommen als ein vollautomatisches Schienenfahrzeug in einer nicht für es ausgelegten Umgebung, da letzteres auf die äußere Beeinflussung respektive Fahrterlaubnis angewiesen ist.

Auch die Behauptung, dass ein Schienenfahrzeug aufgrund seiner Abhängigkeit von der Oberleitung oder seiner Spurbindung per se nicht autonom sein kann, ist nicht schlüssig. Denn abgesehen von einer mobilen Energiequelle ist ein Automobil ebenfalls auf ausgebaute Straßen angewiesen wie jeder autonome mobile Roboter auf die für ihn ausgelegte Einsatzumgebung. Vielmehr ist das autonome Fahren so zu deuten, dass ein Fahrzeug innerhalb der für es üblichen Bewegungsdimensionen selbstständig navigieren und auf Störungen reagieren bzw. sich bei mehreren Lösungsmöglichkeiten für eine geeignete entscheiden kann. Aus Sicht der ODD-abhängigen Funktionsauslegung sind diese terminologischen Abwägungen jedoch wenig relevant, da das „autonome" Fahrzeug letztlich nur auf ein umfangreicheres ODD aufbaut, ungeachtet der Lokalisierung der maßgeblichen Intelligenz.

Bei den fahrerlosen Transportfahrzeugen (FTF) bzw. Automated Guided Vehicles (AGV) in der Intralogistik zum Beispiel erfolgt die Unterscheidung zwischen automatischem und autonomem Fahren primär je nach Art der Navigation. Ein FTF wird grundsätzlich von einer Leitzentrale automatisch gesteuert und berührungslos spurgeführt, z.B. mittels virtueller oder induktiver Spur. Ein autonom fahrendes FTF gleicht eher einem autonomen mobilen Roboter (AMR) und findet selbstständig, d.h. ohne äußere Vorgaben einen Weg von seiner aktuellen Position zum gewünschten Ziel. Es kann außerdem in einem geeigneten Umfang auf Störungen und unerwartete Situationen reagieren. Auch wenn hier der Grad der Autonomie je nach spezifizierten Randbedingungen unterschiedlich interpretiert wird, sind autonome FTF aufgrund der maschinellen Umgebungserfassung und der hierfür erforderlichen, in Echtzeit zu verarbeitenden Datenmengen in der Regel mit umfangreicher Sensorik, leistungsstarken Rechnern und komplexer Software ausgestattet. [65, 66]

2.3.3 Techniken zur Automatisierung

Automatic Train Control (ATC) ist ein Oberbegriff für auf das Bahnsystem ausgerichtete Techniken, die zwecks Erhöhung der Kapazität, Sicherheit und Effizienz des Betriebs eine maschinelle Steuerung oder Regelung von (Teil-)Funktionen beinhalten. Dabei wird mit der Begriffsverwendung „Automatic" (dt. automatisch/Automatik, nicht „automatisiert") grundsätzlich unterstellt, dass ein signifikanter Anteil der Routineaufgaben maschinell ausgeführt wird und der Mensch diesen Vorgang als operatives Element weiterhin überwacht bzw. als Rückfallebene dient. Die funktionale Architektur des ATC setzt sich aus den drei Komponenten Automatic Train Protection (ATP), Automatic Train Operation (ATO) und Automatic Train Supervision (ATS) in hierarchisch aufsteigender Reihenfolge zusammen. Die Grundlage bildet das sicherheitskritische ATP, eine Gruppe von Zugbeeinflussungssystemen (ZBS[5]), die entweder punktuell oder kontinuierlich die Fahrgeschwindigkeit überwachen und das Befolgen der restriktiven Signalbegriffe erzwingen. Die zweite Ebene, ATO, ist als eine Erweiterung des ATP zu verstehen, die mit zusätzlicher fahrzeug- und ggf. streckenseitiger Ausrüstung weitere Funktionen des Fahrbetriebs (Anfahren, Bremsen, Geschwindigkeitsregelung, Türfreigabe etc.) automatisieren kann. In der Regel werden ATO-Funktionen wie z.B. das energieoptimierte Fahren, als nicht sicherheitskritische Funktionen ausgelegt und

[5]Die gleiche Abkürzung wird speziell auch für das Zugbeeinflussungssystem S-Bahn Berlin verwendet. In dieser Arbeit wird sie jedoch stets auf das allgemeine Zugbeeinflussungssystem bezogen.

durch das (bereits vorhandene) ATP abgesichert. Die letzte Ebene, ATS, bezieht sich auf fahrzeugübergreifende Funktionen einer Betriebszentrale zur Überwachung des Betriebs, Koordinierung und Disposition der verfügbaren Ressourcen, um den Fahrplan einzuhalten und eventuellen Betriebsstörungen entgegenzuwirken. [67–69]

Abweichend hiervon wird der Begriff ATC auch als Eigenname für das jeweils landesspezifische ZBS, u.a. in Japan, Schweden, Norwegen, Kanada und den USA, verwendet. Eine Auswahl an länderspezifischen ZBS europäischer Vollbahnen, die aktuell noch betrieben werden, ist in Tab. 2.3 gelistet.

Tab. 2.3: Auswahl an länderspezifischen Zugbeeinflussungssysteme nach [70–72]

ZBS mit punktueller Signalübertragung		
Systembezeichnung	Übertragungstechnik	Land
Indusi, PZB 90	induktive Resonanz	Deutschland, Österreich
Crocodile	Schleifkontakt	Frankreich, Belgien, Luxemburg
ZUB 123	Transponder, Kurzschleifen	Dänemark
TBL	Transponder	Belgien
KVB	Transponder	Frankreich
AWS	magnetisches System	Großbritannien
ASFA	induktive Resonanz	Spanien
EBICAB 2	Transponder	Norwegen, Schweden
L 10 000/ATC-2	Transponder	Schweden
JKV	Transponder	Finnland

ZBS mit kontinuierlicher Signalübertragung		
Systembezeichnung	Übertragungstechnik	Land
LZB	Kabellinienleiter	Deutschland, Österreich
SELCAB	Kabellinienleiter	Spanien
TVM	codierte Gleisstromkreise	Frankreich, Belgien
ATB-EG, ATB-NG	codierte Gleisstromkreise	Niederlande
BACC	codierte Gleisstromkreise	Italien

In Deutschland ist auf signalisierten Strecken, auf denen

- mehr als 80 $\frac{km}{h}$ zugelassen sind,
- mehrere Fahrzeuge gleichzeitig verkehren und Reisezugverkehr stattfindet und
- mehrere Fahrzeuge gleichzeitig verkehren und mehr als 50 $\frac{km}{h}$ zugelassen sind,

eine Zugbeeinflussung vorgeschrieben, durch die „ein Zug selbsttätig zum Halt gebracht und ein unzulässiges Anfahren gegen Halt zeigende Signale überwacht werden kann" (§ 15 Abs. 1 und 2 EBO). Auf Strecken mit einer zulässigen Höchstgeschwindigkeit von über 160 $\frac{\text{km}}{\text{h}}$ ist eine kontinuierliche Zugbeeinflussung erforderlich, durch die der Zug nicht nur überwacht, sondern auch geführt wird (§ 15 Abs. 3 EBO). Das Eisenbahninfrastrukturunternehmen (EIU) ist für die streckenseitige Ausrüstung des ZBS verantwortlich und das EVU hat seine Fahrzeuge entsprechend dem ZBS jener Strecke, auf welcher das Fahrzeug verkehren soll, auszurüsten. Die wichtigsten ZBS für die Vollbahn in Deutschland sind PZB 90, LZB und ETCS, siehe nachfolgende Abschnitte.

Abb. 2.19 zeigt den jeweiligen Anteil der Betriebsstrecke der ehemaligen DB Netz AG (heute DB InfraGO AG), welcher mit den genannten ZBS über die Jahre ausgestattet war.

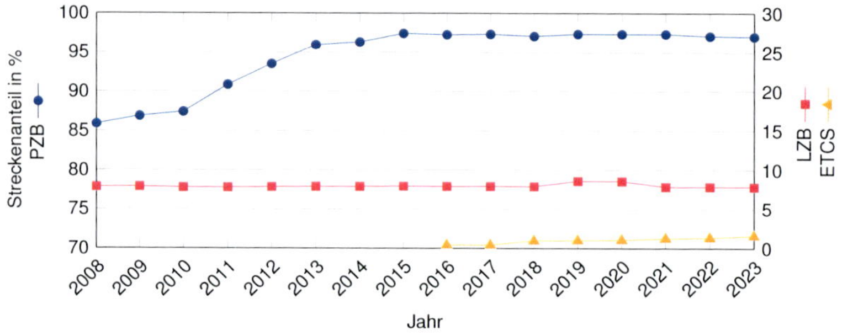

Abb. 2.19: Anteile der Betriebsstrecke der Deutschen Bahn AG mit jeweiligem ZBS nach [73–75]

2.3.3.1 Punktförmige Zugbeeinflussung

Die punktförmige Zugbeeinflussung (PZB) umfasst im weiten Sinn Systeme mit punktueller Übertragung von Signalbegriffen auf das Fahrzeug an diskreten Streckenpositionen. In der Regel vor ortsfesten Streckensignalen positioniert, dienen sie als eine technische Ergänzung zur Sicherung von Zugfahrten beim Fahren im festen Raumabstand, welche sonst auf der visuellen Wahrnehmung der Signale durch den Tf basiert. Derzeit gibt es die PZB mit mechanischer (z.B. Bernauer Fahrsperre der S-Bahn Berlin), elektromechanischer (Crocodile der belgischen und französischen Bahnen), magnetischer (ZSI 90 der Schweizer Schmalspurbahnen) und induktiver Signalübertragung.

Im deutschsprachigen Raum wird unter PZB bzw. PZB 90 meistens die in Deutschland eingesetzte PZB mit induktiver Signalübertragung verstanden. Dabei handelt es sich um eine mikroprozessorbasierte Weiterentwicklung der 1934 eingeführten Induktiven Zugsicherung (Indusi) mit induktiv koppelnden Gleis- und Fahrzeugmagneten in Dreifrequenz-Resonanzbauart.

Die streckenseitigen Gleismagnete bestehen aus einem passiven Schwingkreis mit einer bestimmten Resonanzfrequenz (500, 1.000 oder 2.000 Hz). Sie werden u.a. verlegt als

- 500 Hz-Magnet vor Hauptsignalen und Langsamfahrstellen,
- 1.000 Hz-Magnet an Vor- und Überwachungssignalen, Langsamfahrscheiben und Geschwindigkeitstafeln,
- 2.000 Hz-Magnet an Haupt- und Sperrsignalen oder als Geschwindigkeitsprüfeinrichtung oder
- 1.000/2.000 Hz-Doppelgleismagnet an Hauptsignalen mit Vorsignalisierung.

Der Fahrzeugmagnet bzw. das Fahrzeuggerät generiert im Betrieb permanent elektromagnetische Wechselfelder in den genannten Frequenzen, die beim Überfahren eines Gleismagnets in diesem eine Spannung induzieren. Bei einem fahrtzeigenden Signal wird der zugehörige Gleismagnet durch Signalkontakte unwirksam geschaltet, sodass keine Beeinflussung erfolgt. Andernfalls wird der durch die Rückkopplung des Gleis- auf den Fahrzeugmagneten verursachte Stromabfall im Fahrzeugschwingkreis vom Fahrzeuggerät detektiert. Je nach Auswertung des Schaltzustands der Gleismagnete (zwei Zustände je Übertragungsfrequenz möglich) sowie deren Abfolge werden die im PZB-Betriebsprogramm implementierten Überwachungs- und Sicherheitsfunktionen ausgelöst.

Neuere ZBS mit punktueller Signalübertragung arbeiten ebenfalls induktiv, jedoch im Hochfrequenzbereich und ermöglichen neben der Auskunft über den Signalzustand auch den Austausch von Datentelegrammen zwischen den infrastrukturseitigen Balisen und der fahrzeugseitigen Balisenantenne. Passive Balisen beinhalten einen fest programmierten Dateninhalt (z.B. Kilometrierung, Identitäten und Abstände zu den benachbarten Balisen etc.) und besitzen keine eigene Spannungsversorgung. Stattdessen beziehen sie die zum Transmittieren benötigte Energie aus dem Feld der passierenden Balisenantenne des Fahrzeugs. Eine aktive Balise hingegen verfügt über eine eigene Spannungsversorgung und überträgt veränderliche signaltechnische Informationen. [76, 77]

2.3.3.2 Linienförmige Zugbeeinflussung

Die linienförmige Zugbeeinflussung (LZB) ist ein Zugsicherungs- und -steuerungssystem mit bidirektionaler, kontinuierlicher Signalübertragung zwischen Fahrzeug und Infrastruktur mittels Kabellinienleiter. Der als Antenne fungierende Linienleiter ist in Schleifen verlegt, eine Ader verläuft entlang der Gleismitte, die andere seitlich einer Schiene in einer Laschenkammer. Beide Adern kreuzen sich in regelmäßigen Abständen von etwa 100 m. Die gesamte LZB-Strecke ist in Bereiche unterteilt, für die jeweils eine LZB-Streckenzentrale zuständig ist.

Dort werden aus den aktuellen Fahrzeugdaten, den stationären und variablen Streckendaten unter anderem die Soll-Geschwindigkeit und der freie Bremsweg berechnet. Diese statische Geschwindigkeitskurve wird über den Linienleiter an das Fahrzeug übertragen und vom Fahrzeugrechner mit der aktuellen Bremskurve abgeglichen. Die Signalisierung wird auf einem Führerraum-Display angezeigt (Führerraumsignalisierung), sodass ortsfeste Signale nicht erforderlich sind. Der Tf führt das Fahrzeug manuell entsprechend der Führerraumsignalisierung (anzeigegeführtes Fahren). In modernen Triebfahrzeugen ist die automatische Fahr- und Bremssteuerung (AFB) gemäß der LZB-Daten üblich, sodass der Tf theoretisch nur das Anfahren initiieren muss. Allerdings passt die AFB die Soll-Geschwindigkeit stets der aktuell zulässigen Höchstgeschwindigkeit an, was zu einem sehr dynamischen, nicht vorausschauenden Fahrverhalten ähnlich einer Spitzfahrt führt. Zudem erkennt sie keine fahrplanmäßigen Halte, sofern diese nicht signalisiert werden. Daher geben Tf in der Regel die Stellgröße der AFB nur in ausgewählten Situationen frei. Nichtsdestotrotz tragen sie wie bei der manuellen Steuerung die volle Verantwortung und können die AFB stets überstimmen.

Die LZB wurde für den Verkehr mit Maximalgeschwindigkeiten von über $160\,\frac{\text{km}}{\text{h}}$ entwickelt, da die früher üblichen Bremswege der Züge ohne Magnetschienenbremsen den Regelvorsignalabstand von $1.000\,\text{m}$ überstiegen. Die erste Generation LZB 100 arbeitete mit hartverdrahteter Logik, bot eine elektronische Signalsicht von $5\,\text{km}$ und wurde 1965 in Vorserienlokomotiven der Baureihe 103 auf der Strecke München-Augsburg eingesetzt. In den 1990er Jahren wurde im Rahmen des Strategieprogramms „Computer Integrated Railroading – Erhöhung der Leistungsfähigkeit im Kernnetz der Eisenbahnen“ (CIR-ELKE) der Deutschen Bundesbahn und der Deutschen Reichsbahn die rechnergestützte LZB 72 weiterentwickelt und unter anderem mit dem Bau der Schnellfahrstrecke Köln-Rhein/Main für Geschwindigkeiten bis $350\,\frac{\text{km}}{\text{h}}$ ertüchtigt (LZB L72 CE II). [78] Die mit LZB ausgestatteten Strecken und Fahrzeuge verfügen ebenfalls über die PZB als signalgeführte Rückfallebene. Zudem können auf diesen Strecken auch Fahrzeuge ohne LZB verkehren. [72, 76, 77]

2.3.3.3 European Train Control System

Das European Train Control System (ETCS) ist ein ZBS, welches im Sinne der mit dem europäischen Betriebsleitsystem European Rail Traffic Management System (ERTMS) ursprünglich bezweckten Interoperabilität des transeuropäischen Schienenverkehrs eingeführt wurde und mittlerweile auch zur europaweiten Vereinheitlichung die nationalen Bestandssysteme sukzessiv ersetzen soll. Es ist seit 2002 für neue transeuropäische Hochgeschwindigkeitsstrecken vorgeschrieben (vgl. 2002/731/EG) und seit 2006 mit Ausnahmeregelung auch für nationale Ausbaustrecken (vgl. 2006/679/EG).

Das ETCS beinhaltet folgende funktionale Teilsysteme: Euro-Balise, Euro-Loop, Euro-Radio und Euro-Cab. Euro-Balisen sind mittig im Gleis verlegte Transponder zur punktförmigen Signalübertragung und werden als Festdaten- oder Transparentdatenbalisen ausgeführt. Erstere übertragen statische Informationen (u.a. Ortsmarken als Kontrollpunkt bei der Fahrzeugortung), während letztere über ein Kabel vom Lineside Electronic Unit (LEU) mit dynamischen Daten (z.B. Signalstellung) versorgt werden, um diese dem Fahrzeug zu übermitteln. Das LEU als Schnittstelle zum landesspezifischen Signalsystem – daher auch Anpassungsbaugruppe genannt – greift die Signalbegriffe wiederum ab, in der Regel durch die Kopplung an das jeweilige bestehende Signal oder seltener an das Stellwerk (im letzteren Fall heißt es zentralisiertes LEU). Das fahrzeugseitige Balise Transmission Module (BTM) liest über die Antenne die Baliseninformationen aus und leitet diese an das EVC weiter.

Euro-Loop ist eine Ergänzung zur Euro-Balise und für eine abschnittsweise kontinuierliche Beeinflussung im Bereich des Vorsignalabstands zuständig. Über eine am Schienenfuß verlegte, bis zu 1.000 m lange Leiterschleife werden die vom LEU gespeisten Signalbegriffe an das fahrzeugseitige Loop Transmission Module (LTM) übertragen, Abb. 2.21. Das Füllen der Übertragungslücke zwischen den Balisen wird in diesem Fall als Loop Infill bezeichnet, kann aber alternativ durch Euro-Radio (Radio Infill) oder zusätzliche Aufwertebalisen (Spot Infill) erfolgen [79].

Die dritte Möglichkeit der Signalübertragung beim ETCS erfolgt über Funk mit dem Euro-Radio bzw. Global System for Mobile Communications – Rail (GSM-R), welches auf Basis des digitalen Mobilfunkstandards GSM für Bahnanwendungen weiterentwickelt wurde und die untereinander inkompatiblen, analogen (Zug-)Funksysteme in Europa ablösen sollte. Es wird in der Regel zur bidirektionalen Übertragung sämtlicher Nutzdaten zwischen Fahrzeug und der ETCS-Zentrale, dem sogenannten Radio Block Center (RBC) eingesetzt. Das RBC ist für einen Streckenabschnitt zuständig und mit einem oder mehreren Stellwerken verbunden. Um den erhöhten Anforderungen an die Funkkommunikation hinsichtlich ATO und Cybersecurity gerecht zu werden, ist als Nachfolger des GSM-R das Future Railway Mobile Communication System (FRMCS) auf Basis eines eigenständigen 5G-Mobilfunknetzes geplant. In der seit 2023 gültigen technischen Spezifikation für die Interoperabilität, Teilsystem Zugsteuerung, Zugsicherung und Signalgebung (TSI ZZS 2023) werden GSM-R und FRMCS unter Railway Mobile Radio (RMR) zusammengefasst.

Darüber hinaus gibt es rein fahrzeugseitige ETCS-Komponenten. Der European Vital Computer (EVC), auch On-board Unit (OBU) oder Fahrzeuggerät, ist ein signaltechnisch sicherer Fahrzeugrechner und bildet den Kern der ETCS-Fahrzeugausrüstung. Er verarbeitet die ETCS-Fahrterlaubnisse, überwacht Geschwindigkeit und Zielentfernung samt Bremskurven fahrzeugspezifisch und kann direkt auf das Bremssystem einwirken. Ferner zeigt er auf dem

Driver Machine Interface (DMI) im Führerpult den Zustand der Zugbeeinflussung und die für die Fahrt nötigen Vorgaben an.

Damit ein mit ETCS ausgerüstetes Fahrzeug übergangsweise auch auf Bestandsstrecken mit nationalem ZBS (siehe Tab. 2.3, im ETCS-Kontext heißen diese „Class-B-Systeme") betrieben werden kann, wird es um ein oder mehrere Specific Transmission Modules (STM) ergänzt. Das STM hat eine definierte Schnittstelle zum EVC und seine landesspezifische Schnittstelle zur Strecke. So enthält z.B. das STM PZB 90 das in Kap. 2.3.3.1 beschriebene PZB-Fahrzeuggerät samt Antenne. Da das STM die streckenseitigen Signalbegriffe auswertet, obliegen dem EVC keine Überwachungsaufgaben. Am Fahrzeug können mehrere STM vorhanden sein, um verschiedene Class-B-Systeme zu beherrschen. [49, 72]

Abb. 2.20 zeigt den Informationsfluss zwischen den beschriebenen strecken- und fahrzeugseitigen ETCS-Komponenten im Systemkontext. Diese Komponenten werden je nach betrieblichen Anforderungen zu unterschiedlichen Ausrüstungsstufen, den sogenannten ETCS-Levels, kombiniert.

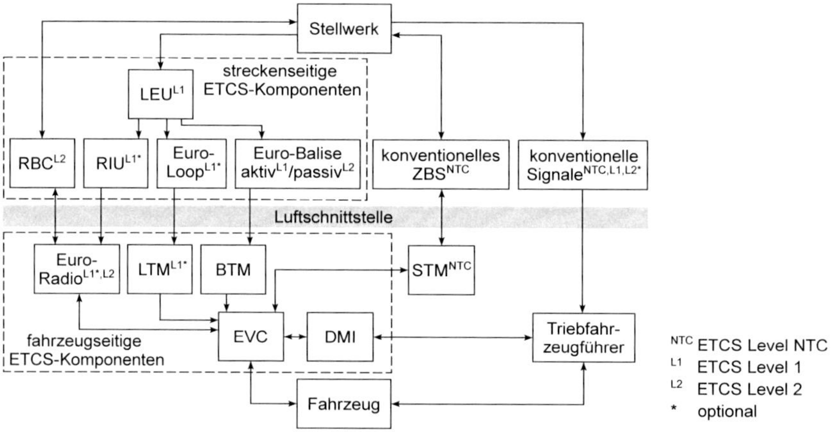

Abb. 2.20: Strecken- und fahrzeugseitige ETCS-Komponenten im Systemkontext nach [80]

Level NTC

Die Abkürzung NTC steht für National Train Control und bezieht sich auf das nationale ZBS. Diese in Baseline 2 noch als „Level STM" bezeichnete Stufe stellt aus funktionaler Sicht keinen eigenen ETCS-Level dar, da nicht das EVC, sondern das STM die eingelesenen Signale auswertet und die Überwachungsfunktionen übernimmt [80].[6] Im Sinne der Implementierung

[6] Die ETCS-Systemspezifikationen werden levelübergreifend versioniert. Bei nicht abwärtskompatiblen Änderungen werden sie in einer neuen System- bzw. Hauptversion (Baseline) zusammengefasst.

der Level-Transition wurde allerdings jedem nationalen ZBS ein eigener Level zugewiesen (Level NTC PZB(/LZB), Level NTC ATB(-EG), Level NTC KVB(/TVM) etc.), sodass zwischen ihnen und den gleichrangig existierenden, eigentlichen ETCS-Leveln umgeschaltet wird [81]. Zur Bedienung und Anzeige ist weiterhin das DMI eingebunden.

Level 0

ETCS Level 0 beschreibt im engeren Sinne keine Zugbeeinflussung, sondern lediglich eine Rückfallebene, auf die das Fahrzeug bei Begegnung mit einem nicht bekannten ZBS automatisch fällt oder auf die das Fahrzeug manuell vom Tf per DMI versetzt wird, weil die Strecke kein ZBS aufweist. In diesem Fall erlaubt der EVC das Fahren trotz fehlender ETCS-Fahrterlaubnis (engl. *Movement Authority*, MA) und überwacht die ohne Zugbeeinflussung zulässige Höchstgeschwindigkeit [80]. Diese beträgt in Deutschland nach EBO 50 $\frac{km}{h}$. Der Fahrbetrieb auf ETCS Level 0 ist durch die DB jedoch nur in Ausnahmefällen wie z.B. bei Störungen der streckenseitigen Einrichtungen vorgesehen. [82]

Level 1

Beim ETCS Level 1 wird das ortsfeste, landesspezifische Signalsystem mit fester Blockteilung und entsprechender Gleisfreimeldung um ETCS-Komponenten ergänzt. Im einfachsten Fall sind Euro-Balisen lediglich am Vor- und Hauptsignal angeordnet und übertragen die vom LEU abgegriffenen Signalbegriffe an das passierende BTM, Abb. 2.21.

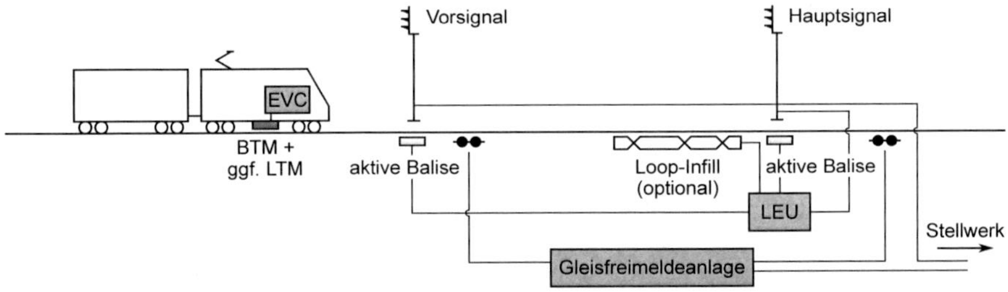

Abb. 2.21: ETCS Level 1 mit Euro-Loop nach [72, 80].

ETCS Level 1 ist grundsätzlich für die diskontinuierliche Zugbeeinflussung ausgelegt. Mittels optionalem Loop Infill, Radio Infill oder zusätzlichen Aufwertebalisen im Bereich des Vorsignalabstands (Spot Infill) kann jedoch die nachträgliche Aufwertung der MA noch vor dem Erreichen der Balise am Hauptsignal erfolgen, sodass die restriktive Geschwindigkeitsüberwachung frühzeitig entfällt. Da die Euro-Balisen im Gegensatz zu älteren PZB alle zur vollüberwachten Führung des Zuges notwendigen Daten (u.a. Ortung, Stecken- und Stellwerksdaten) übertragen können, ist mit der Führerraumsignalisierung grundsätzlich ein

Verzicht auf ortsfeste Signale möglich [80]. Auf den Grenzbetriebs- und Durchgangsstrecken zwischen Schweiz und Deutschland kommt ETCS Level 1 Limited Supervision (ETCS L1LS), eine Ausrüstungsvariante mit eingeschränkter Überwachungsfunktion mit Spot Infill für Strecken bis 160 $\frac{\text{km}}{\text{h}}$, zum Einsatz. Hierbei steuert der Tf das Fahrzeug signalgeführt, während das EVC lediglich eine stark an das PZB 90 angelehnte Überwachungsfunktion übernimmt [72, 79].

Level 2

ETCS Level 2 sieht eine kontinuierliche, bidirektionale Signalübertragung zwischen Fahrzeug und RBC über Euro-Radio, derzeit mit GSM-R, vor, Abb. 2.22. Das mit dem Stellwerk verbundene RBC leitet aus den eingestellten Fahrstraßen, der Gleisbelegung und der vom Fahrzeug gemeldeten Position die Führungsgrößen ab. Die im Gleis verlegten Festdatenbalisen helfen dem Fahrzeug bei der Ortung und dem Zurücksetzen des kumulierten Wegfehlers der Fahrzeugodometrie. Ortsfeste Signale sind dank Führerraumsignalisierung nicht erforderlich, können aber als Rückfallebene vorgesehen werden. Daher gibt es das Level 2 ohne Signal (ETCS L2oS) sowie mit Signal (ETCS L2mS). ETCS Level 2 entspricht funktional der LZB und ist in Deutschland für Strecken mit zulässiger Höchstgeschwindigkeit von über 160 $\frac{\text{km}}{\text{h}}$ erforderlich. Auf deutschen ETCS-Strecken kommt standardmäßig Level 2 zum Einsatz mit Ausnahme der oben genannten Grenzbetriebsstrecken. [72, 79, 80]

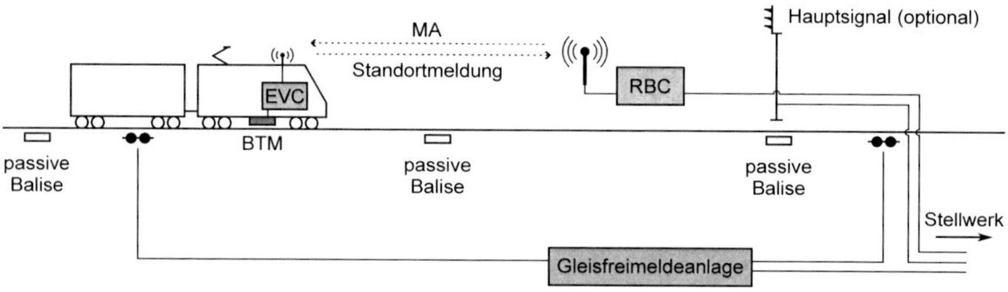

Abb. 2.22: ETCS Level 2 nach [72, 80].

In der ETCS Baseline 3 enthielt das Level 2 noch die Gleisfreimeldung durch konventionelle Achszähler bzw. Gleisstromkreise an das Stellwerk. Erst im ETCS Level 3 war die fahrzeugseitige Überwachung der Zugvollständigkeit (Train Integrity Monitoring System – TIMS) durch das EVC vorgesehen, sodass auf ortsfeste Gleisfreimeldeanlagen verzichtet werden konnte, Abb. 2.23. Mit dem Entfall der fixen Blockabschnitte ist das Fahren im wandernden Raumabstand (Moving Block) bishin zum absoluten Bremswegabstand möglich. Mit dem Inkrafttreten der TSI ZZS 2023 bzw. mit der Einführung der ETCS Baseline 4 wurden diese

Funktionalitäten als optional in Level 2 integriert und Level 3 aus der ETCS-Spezifikation entfernt [80].

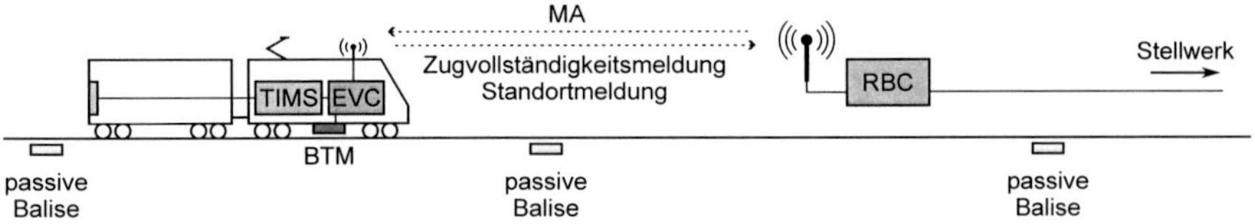

Abb. 2.23: ETCS Level 2 mit Zugvollständigkeitsüberwachung (ehem. ETCS Level 3) nach [72, 80].

ATO

Das durch das Shift2Rail[7]-Förderprojekt X2Rail-1 verbreitete Betriebskonzept „ATO over ETCS" beschreibt den interoperablen, automatisierten Bahnbetrieb für die Vollbahn mit ETCS als ATP. Dieses Konzept beinhaltet ein nicht sicherheitskritisches Assistenzsystem, das planmäßig verkehrende Züge in einer hinsichtlich Pünktlichkeit und Energieverbrauch optimierten Trajektorie innerhalb des vom ETCS sicher überwachten Lösungsraums zu führen imstande ist. Damit geht die Funktion von ATO über die AFB hinaus.

Analog zum ETCS wird das ATO-System in fahrzeug- (ATO-Onboard bzw. ATO-OB) und infrastrukturseitige (ATO-Trackside bzw. ATO-TS) Subsysteme unterteilt. Das ATO-TS berechnet unter Berücksichtigung der Gleisinfrastruktur und Zustandsmeldungen ggf. mehrerer ATO-OB das jeweils für das Fahrzeug nach Möglichkeit optimale Fahrprofil. Das entsprechende ATO-OB versucht diese Vorgabe einzuhalten und meldet neben den Zustandsdaten auch die Prognose zurück. Somit entspricht das „ATO over ETCS" mindestens GoA 2 (vgl. Kap. 2.3.2.1). Beim Thameslink[8] ist es seit 2016 im regulären Fahrgastbetrieb, bei der S-Bahn Hamburg soll es voraussichtlich ab 2025 zum Einsatz kommen. Mit der TSI ZZS 2023 fand das „ATO over ETCS" Einzug in die ETCS-Systemspezifikation. [80, 83–85]

2.3.3.4 Communications-Based Train Control

Communications-Based Train Control (CBTC) ist eine überwiegend in Nahverkehrssystemen und U-Bahnen verbreitete spezielle Form des ATC, die sich durch kontinuierliche Zugbeeinflussung mit bidirektionaler Kommunikation zwischen Fahrzeug und Infrastruktur auszeichnet. Sie entwickelte sich aus den ersten Versuchen fahrerlosen Fahrens, z.B. in der Victoria Line

[7] Shift2Rail (S2R) war eine öffentlich-private Technologieinitiative zur Steigerung der Wettbewerbsfähigkeit der europäischen Bahnindustrie. Sie war mit 920 Mio. € budgetiert, wovon 450 Mio. € durch das europäische Forschungsprogramm „Horizon 2020" gefördert wurde.

[8] Thameslink ist ein Nahverkehrssystem, welches die Vororte Londons mit dessen Stadtzentrum in Nord-Süd-Richtung verbindet. Außerhalb Londons hat Thameslink den Charakter einer Regionalbahn mit 25 kV-Oberleitung, im Stadtgebiet jenen einer S-Bahn mit 750 V-Stromschiene.

der London Underground in den 1960er sowie mit der rechnergestützten Betriebsablaufsteuerung SELTRAC der ehemaligen Standard Elektrik Lorenz AG in den 1970er Jahren. Obwohl das System der Victoria Line codierte Gleisstromkreise und SELTRAC Kabellinienleiter zur Kommunikation nutzte, hat sich mit der Etablierung des CBTC-Begriffs auch die Funkübertragung als Industriestandard durchgesetzt. Als Funktechnologie werden Terrestrial Trunked Radio (TETRA), Long Term Evolution (LTE) bzw. 4G, 5G oder WLAN verwendet, wobei letzteres am häufigsten vertreten ist. Die streckenseitige CBTC-Ausrüstung gibt es in zwei Systemvarianten: das vollintegrierte CBTC-System, welches die Fahrwegsicherung selbst übernimmt, und das einem konventionellen Stellwerk überlagerte System (Overlay System). Damit wird die ATP-Funktion gewährleistet, jedoch kann CBTC mit entsprechenden Fahrzeug- und Streckengeräten um ATO- und ATS-Funktionen erweitert werden, Abb. 2.24. Charakteristisch für die CBTC ist ebenfalls eine hochgenaue, von Gleisfreimeldeabschnitten unabhängige Fahrzeugortung – in der Regel mittels Odometrie und ortsfesten Balisen –, um das Fahren im wandernden Raumabstand und einhergehend eine dichtere Taktfolge auf stark befahrenen Stammstrecken zu ermöglichen. [68, 86, 87]

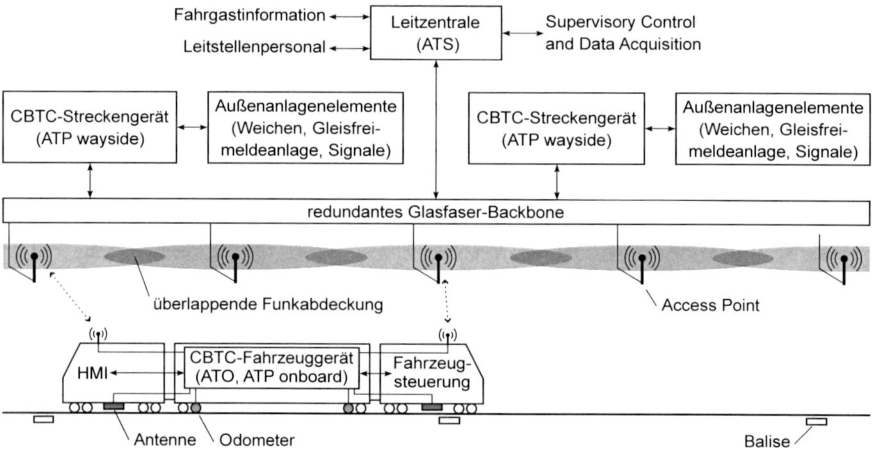

Abb. 2.24: CBTC-Architektur mit ATP, ATO und ATS nach [88]

Für die ATP-Funktion übermittelt das Fahrzeuggerät seine Statusinformationen (u.a. Fahrzeugposition, Fahrtrichtung, Ist-Geschwindigkeit und Bremsweg), mit denen das Streckengerät unter Berücksichtigung der anderen, in seinem Stellbereich befindlichen Fahrzeuge die Fahrterlaubnis zyklisch neu berechnet und zurücksendet. Es kennt die relevanten Streckendaten (z.B. Positionen der Balisen und Weichen, Haltepunkte, Gradienten und zulässige Höchstgeschwindigkeiten), sodass im Gegensatz zum ETCS kein vollständiges statisches

Geschwindigkeitsprofil, sondern lediglich die jeweilige Fahrterlaubnis (Movement Authority) mit der darin enthaltenen Endkoordinate (End of Authority) übertragen werden muss. Die zulässige Geschwindigkeit gemäß Streckendaten sowie die vom Streckengerät ermittelte Fahrterlaubnis werden dem Fahrer mittels Führerraumsignalisierung angezeigt und das Einhalten dieser wird vom Fahrzeuggerät überwacht. Für die ATO-Funktion ist die AFB erforderlich, mit der das Fahrzeuggerät die von der Leittechnik vorgeschlagene optimierte Fahrweise umsetzen kann. [68, 88]

2.3.3.5 ATO über maschinelle Wahrnehmung

Neben klassischen Automatisierungslösungen für den Fahrbetrieb über Fahrtrechner und Zugbeeinflussung wie dem oben dargelegten „ATO over ETCS“ existieren Systeme, die auf Techniken aus der Robotik basieren und deren Verbreitung durch die Fortschritte im automatisierten Fahren des Automobils begünstigt wurde. Die fahrzeugseitig verbauten Systeme bestehen grundsätzlich aus:

- Sensorik zur Erfassung des relevanten Fahrzeugumfelds/-zustands,
- Hard- und Software zur Sensordatenverarbeitung und Situationsinterpretation und
- einer Mensch-Maschine-Schnittstelle zur Information des Tf bzw. Fahrers und/oder einer Schnittstelle zur Fahrzeugsteuerung oder einer eigenen Aktorik zur Manipulation der Fahrdynamik, Abb. 2.25.

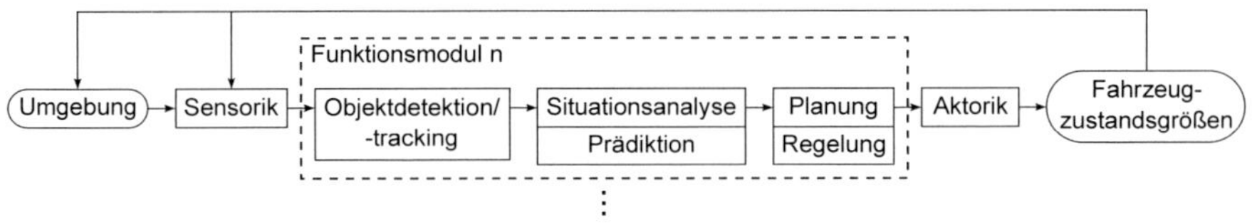

Abb. 2.25: Eine generische Architektur für ADAS bzw. ADS nach [90]

Je nach Ausprägung bezwecken diese Systeme in zunehmender Komplexität die reine Vermittlung von Informationen, Fahrerassistenz für Teilaufgaben oder auch die Automatisierung des gesamten Fahrbetriebs. Fahrerassistenzsysteme (FAS) sind somit mechatronische Zusatzeinrichtungen in Fahrzeugen, die den Fahrer bei der Erfüllung seiner Fahraufgabe hinsichtlich Sicherheit, Effizienz oder Komfort unterstützen. Im englischsprachigen Raum ist bei FAS zudem die Unterscheidung zwischen Driver-Assistance Systems (DAS) und Advanced Driver-Assistance Systems (ADAS) üblich, wobei erstere auf propriozeptiven Sensoren basieren, während letztere darüber hinaus exterozeptive Sensoren einbeziehen (vgl. Tempomat gegenüber Abstandsregeltempomat beim Automobil). In der Bahnbranche wird unter dem Begriff FAS zum Teil ein spezielles System verstanden, z.B. im Straßenbahnbereich ein System zur Frontkollisionvermeidung oder im Vollbahnbereich ein System zum energieoptimierten Fahren. Im Allgemeinen jedoch gilt jede erdenkliche Funktion als FAS, die den oben genannten Zwecken dient [A4]. Im Automobilbereich wird ein Fahrzeug, dessen ADAS in bestimmten Situationen die Längs- und Querregelung für eine signifikante Dauer übernehmen kann, das Fahrzeug also ohne jeglichen Eingriff des Fahrers fährt, als Automated Driving System (ADS) bezeichnet. [89, 90]

Die Sensoren eines ADS lassen sich in propriozeptive (interne) und exterozeptive (externe) unterteilen. Erstere dienen der Messung von fahrzeugeigenen Eigenschaften und Zuständen und umfassen Odometer, Beschleunigungs- und Gierratensensoren für Fahrdynamik und relative Lageschätzung, GNSS für satellitengestützte Positionsbestimmung (z.B. GPS oder Galileo) und Thermometer zur Überwachung temperaturkritischer Komponenten. Hingegen dienen die externen Sensoren der maschinellen Wahrnehmung der Umgebung. Hierzu zählen Radar, Lidar, Kameras (RGB-, Infrarot- oder ToF-Kameras), Ultraschallsensoren, aber auch taktile Sensoren wie Taster. Ihre Wirkprinzipien und Anwendungsbeispiele im Kontext des Automobils wurden u.a. in [89, 91] dargelegt. In Tab. 2.4 sind für ADS gängige exterozeptive Sensoren mit ihren qualitativen Merkmalen aufgelistet.

Tab. 2.4: Qualitativer Vergleich häufig in ADS eingesetzter exterozeptiver Sensoren nach [91, 93]

		Mono-Vision (sichtbares Spektrum)	Stereo-Vision (sichtbares Spektrum)	Radar	2D-Lidar	3D-Lidar
spatiale Information	Ortung	–	o	+	+	+
	Größe	+	+	o	+	+
	Kontur	+	+	o	+	+
	Details	+	+	N/A	–	o
Robustheit ggü.	Dunkelheit	–	–	+	+	+
	Regen	o	o	+	o	o
	Nebel	–	–	+	o	o
relative Geschwindigkeit		–	o	+	+	+
Objektdetektion		o	o	+	+	+
Objektklassifizierung		+	+	o	–	+
semantische Segmentierung		+	+	N/A	N/A	o
typische max. Reichweite		130 m	80 m	30-250 m	1-250 m	1-100 m

\+ gut geeignet o geeignet – bedingt geeignet N/A nicht anwendbar

Häufig werden Messdaten mehrerer Sensoren sowie unterschiedlicher Sensortypen miteinander kombiniert, um einerseits komplementäre Informationen zu erhalten und andererseits die Redundanz und Robustheit einer Information zu erhöhen. Jedoch steigt damit die kontinuierlich zu vearbeitende Datenmenge, die Komplexität in der Datenauswertung und folglich auch die erforderliche Rechenleistung und der Energiebedarf. Die Zusammenführung (Sensordatenfusion) und Auswertung verschiedener Sensordaten ist Gegenstand der Forschung seit den 1980er Jahren und war zum damaligen Zeitpunkt überwiegend der Robotik und der Luft- und Raumfahrt vorbehalten. Mit der Verbreitung kostengünstigerer und leistungsstärkerer Sensoren und Rechner und damit einhergehend neuen Auswertemethoden (z.B. maschinelles Lernen) wurde die Technologie für andere Anwendungen, u.a. Automobil und Bahnsysteme, zugänglich. [92]

Ab Mitte des letzten Jahrzehnts wurden diverse auf Stereovision oder Radar-Kamera-Sensorik basierende Frontkollisionsschutzsysteme in Straßenbahnfahrzeugen nachgerüstet, die bei Kollisionsgefahr warnen und eine stets vom Fahrer überstimmbare Bremsung einleiten [94–96]. Seither werden sie, meist auf Radar-Kamera-Basis und teilweise um Lidar- und Ultraschallsensoren erweiterbar, auch serienmäßig bei Neufahrzeugen angeboten, darunter der in Den Haag, Ulm, Bremen und Kopenhagen eingesetzte Siemens Tram Assistant oder das Tram Forward Assist und seine Derivate von Bosch Engineering GmbH. Die genannten Hersteller arbeiten ebenfalls an derartigen Lösungen für den Vollbahnbereich, vgl. Abb. 2.26a, [97].

(a) Erprobung eines Sensorsystems von Siemens im Fahrgastbetrieb der S-Bahn Berlin

(b) Prototyp der autonomen Tram am Erprobungsträger Wagen 400 des Verkehrsbetriebs in Potsdam [R. Leichsenring]

Abb. 2.26: Beispiele für ATO mithilfe maschineller Umfeldwahrnehmung

Die Straßenbahn im innerstädtischen Verkehr auf straßenbündigem Bahnkörper stellt das Extrembeispiel eines offenen Bahnsystems dar (vgl. Abb. 2.18) und muss eine Vielzahl an teils sehr komplexen Szenarien beherrschen können. Siemens stellte hierzu 2018 einen mit zahlreichen Radar-, Kamera- und Lidar-Sensoren ausgestatteten Prototyp einer autonomen Straßenbahn, Abb. 2.26b, vor, mit dem sie den fahrerlosen Betrieb in einem öffentlichen Streckenabschnitt auf besonderem Bahnkörper mit mehreren Übergängen demonstrierten [98, 99].

2.4 Beiträge zur Automatisierung des Schienengüterverkehrs

Im Folgenden werden ausgewählte Beiträge mit mindestens einer fahrzeugseitigen Ausrüstung zur Automatisierung des Bahnbetriebs im Kontext des SGV vorgestellt. Arbeiten, die Algorithmen für die Ablaufsteuerung in Rbf, Dispositionssysteme, infrastrukturseitige Sensoren (z.B. Gleiswaage, Lokalisierung von Wagen, visuelle Erkennung von Fahrzeugmerkmalen) und andere reine Telematikfunktionen behandeln, sind für die vorliegende Arbeit nicht von Belang. Arbeiten wie auch kommerzielle Umsetzungen, die der Automatisierung und Effizienzsteigerung des Umschlagvorgangs für den KV mit Hilfe von besonderen Wechselbehältern, Verladesystemen oder Güterwagen dienen (bspw. CargoBeamer, Abrollcontainer-Transportsystem, Modalohr, Megaswing etc.), liegen ebenfalls außerhalb des zu untersuchenden Gebiets. Für eine Übersicht derartiger Lösungen wird auf [100] verwiesen.

2.4.1 Allgemeine Assistenz- und Subfunktionen

Kupplungsvorgang

Eines der meistdiskutierten Verbesserungspotenziale im SGV betrifft den Kupplungsvorgang, welcher in Europa noch mit der seit 1861 vorherrschenden UIC-Schraubenkupplung durch manuelle, körperlich anspruchsvolle Arbeit im Berner Raum[9] verrichtet wird. Obgleich über den betriebs- und volkswirtschaftlichen Nutzen einer automatischen Kupplung (AK) für Güterwagen schon seit Beginn des 20. Jahrhunderts diskutiert wurde, scheiterten mehrere Anläufe (zuletzt in den 1990er Jahren) zu ihrer europaweiten Einführung, zum einen politischen Ereignissen und Wirtschaftskrisen geschuldet, zum anderen, da eine europaweite Einigung auf einen Standard ausblieb. [101–104] Das Interesse an einer europaweiten AK blieb dennoch stets bestehen. Es wurden weiterhin zeitgemäße Untersuchungen und Studien durchgeführt (vgl. [105–111]), die die AK durchweg als eine wichtige Voraussetzung zur Effizienzsteigerung des SGV einstufen.

Mittlerweile wird in Europa auf die sogenannte Digitale Automatische Kupplung (DAK) Typ 4 gesetzt, Tab. 2.5. Wesentliche Erweiterungen gegenüber der UIC-Schraubenkupplung sind

[9] Freizuhaltender Raum am Fahrzeugende bei Fahrzeugen mit (Schrauben-)Kupplung und Seitenpuffern nach § 25 Abs. 1 EBO.

die Steuerleitung für die EP-Bremse[10], Datenbusleitung und Energieversorgung, die parallel zur mechanischen und pneumatischen Verbindung automatisch gekuppelt werden können. Diese sind notwendig für den Betrieb zunehmender Telematik- und Sensoriksysteme sowie für die fahrzeugseitige Zugintegritätsüberwachung (vgl. Kap. 2.3.3.3). [112]

Tab. 2.5: Typen der (digitalen) automatischen Kupplung nach [112]

	SK	AK1	AK2	DAK3	DAK4	DAK5
Kuppeln der...						
... Mechanik	man.	autom.	autom.	autom.	autom.	autom.
... Luftleitung	man.	man.	autom.	autom.	autom.	autom.
... Steuerleitung EP-Bremse	n. v.	n. v.	n. v.	autom.	autom.	autom.
... Stromleitung	n. v.	n. v.	n. v.	autom.	autom.	autom.
... Datenbusleitung	n. v.	n. v.	n. v.	n. v.	autom.	autom.
Entkuppeln	man.	man.	teilautom.	teilautom.	teilautom.	autom. & ferngest.

SK: Schraubenkupplung AK: automatische Kupplung DAK: digitale automatische Kupplung

Aktuell erprobt die Arbeitsgemeinschaft DAC4EU (Digital Automatic Coupling for Europe) im Rahmen des Förderprojekts „DAK Demonstrator für den Schienengüterverkehr“ (2020–2024) die Einsatzfähigkeit der DAK im SGV und verfolgt dabei das Ziel, einem prototypischen Kupplungssystem zur Serienreife zu verhelfen. Anhand der Ergebnisse der ersten Projektphase (2020-2021), in der vier Prototypen des DAK-Typs 4 mit drei unterschiedlichen Kupplungsköpfen (Scharfenberg, Schwab und Willison/SA-3) zahlreichen Einzelversuchen unterzogen wurden, sowie unter Berücksichtigung der früheren Studien entschied sich das europäische Gremium *European DAC Delivery Programme (EDDP)* für die DAK mit Scharfenberg-Kupplungskopf. In der zweiten Projektphase (2021-2022) durchlief der ausgewählte Kupplungstyp in mehreren Ländern einen umfangreichen Betriebstest. Dabei wurden weitere Optimierungsbedarfe festgestellt, auf die sich derzeit in der verlängerten Projektphase konzentriert wird. [113, 114]

Abseits der automatischen MPK wurden auch vereinzelt Ansätze zur Automatisierung des Kuppelvorgangs mit der UIC-Schraubenkupplung untersucht. In einem österreichischen Forschungsprojekt wurde ein stationäres, mechatronisches System zum automatischen Entkuppeln der Güterwagen vor dem Abdrücken auf dem Rbf entwickelt. Das erste Teilsystem

[10] Bei der elektropneumatischen (EP-) Bremse wird weiterhin Druckluft als Energieträger genutzt, jedoch nicht zur Steuerung des Bremsvorgangs. Stattdessen werden die wagenseitigen Steuerventile elektrisch angesteuert, sodass alle Bremsanlagen im Fahrzeug bzw. Zugverband unabhängig von dessen Länge gleichzeitig bremsen oder lösen können.

besteht aus einem u-förmigen Rahmen mit einem offenen Zahnkranz, der mittels am Rahmen gelagerter Zahnräder geführt und durch einen Ritzel angetrieben wird sowie zu seiner Rotationsachse hin einen Mitnehmer besitzt. Der gesamte Aufbau wird von oben in den Berner Raum auf die Schraubenkupplung gestülpt und der Zahnkranz in Rotation versetzt, sodass der Mitnehmer beim Umlaufen der Kupplung deren Schwengel erfasst und diese langmacht. Das zweite Teilsystem setzt sich aus einem im Gleis positionierten Kniehebel mit einer Aushängeplatte am Kniegelenk zusammen, die von unten den Bügel der Schraubenkupplung aus dem Zughaken hebt. [115, 116] Bereits Anfang der 1990er Jahre wurde ein ähnlicher (Ent-)Kupplungsroboter konzipiert, welcher auf einer Fahrbahn neben dem Berggleis synchron mit dem anrückenden Zug bewegt wird und mit einem Manipulatorarm die automatische Zug-Kupplung (Z-AK) – mit deren Einführung in Deutschland damals gerechnet wurde – lösen sollte [117].

Hinderniserkennung und Kollisionsvermeidung

Während die automatische Hinderniserkennung zumindest in grundlegender Form ein Bestandteil der meisten Projekte zur Automatisierung des Fahr- oder Rangierbetriebs ist, wird in anderen Vorhaben diese Funktion schwerpunktmäßig behandelt. So wurde im Shift2Rail-Förderprojekt „Smart Automation of Rail Transport“ (SMART, 2016–2019) für den SGV ein autarkes Multisensorsystem zur Hinderniserkennung auf offener, gerader Strecke für große Distanzen bis 1.000 m sowie für mittlere Distanzen bis 200 m entwickelt. Das Sensorsystem bestand aus einem 3D-Laserscanner, Wärmebild- und Nachtsichtkamera sowie drei RGB-Kameras, die paarweise zu Stereokameras kombiniert wurden. Die verschiedenen Bilddaten wurden zur Objektklassifizierung mit Algorithmen des maschinellen Lernens genutzt. Anschließend wurden sie mit den Entfernungsdaten des Laserscanners fusioniert. Die finalen Feldversuche erfolgten auf einer offenen Strecke in Serbien, wozu das Hinderniserkennungssystem an einer Lokomotive der ŽS-Baureihe 444 installiert wurde, Abb. 2.27. [118, 119]

(a) Sensorsystem an einer Lokomotive der ŽS-Baureihe 444

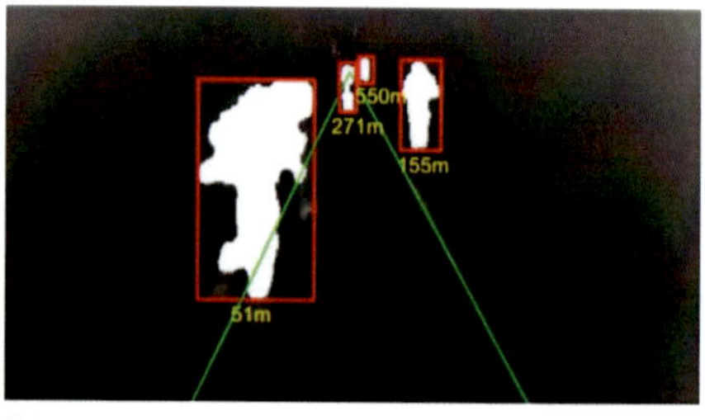

(b) Detektierte Personen auf dem Gleis mit Entfernungsangabe

Abb. 2.27: Hinderniserkennungssystem aus dem EU-Förderprojekt SMART [D. Ristić-Durrant]

Das BMVI-Förderprojekt „Entwicklung eines Assistenzsystems für gesicherte Rangieraufgaben“ (RANG-ASS) widmete sich der Untersuchung eines Assistenzsystems für Rangierlokomotiven. Neben der radargestützten Hinderniserkennung wurde mit Hilfe eines mathematischen Fahrdynamikmodells und unter Berücksichtigung weiterer, aus der Leittechnik verfügbaren Parameter (u.a. Ist-Geschwindigkeit, Motormoment und -drehzahl) die Anhängelast berechnet. Damit sollte einerseits im Sinne der Kollisionsvermeidung eine Unterschätzung des Bremswegs verhindert und andererseits die optimale Geschwindigkeitsempfehlung für das sichere Erreichen der kuppelbereiten Position ausgegeben werden. [120, 121]

Zwischen 2020 und 2021 rüstete Knorr-Bremse im Rahmen eines Verbundprojekts mehrere Rangierlokomotiven der SBB Cargo mit einem Hinderniserkennungssystem der israelischen Firma Rail Vision aus, um den Ein-Mann-Rangierbetrieb mit unbesetzter Zugspitze zu ermöglichen. Das System wurde außen am Fahrzeug oberhalb der Kupplung montiert und überwachte den Fahrweg mit zwei Farb- und einer Infrarotkamera. Mittels Machine-Learning-Algorithmen wurden Gleisverlauf und Hindernisse im Fahrschlauch bis zu einer Entfernung von 200 m klassifiziert und dem Lrf auf einer mobilen Konsole angezeigt, Abb. 2.28. [122, 123]

(a) Sensorsystem an einer SBB Eem 923

(b) Videobild mit Augmented Reality

Abb. 2.28: Hinderniserkennungssystem der Firma Rail Vision

Im EFRE-Projekt „Shunting Assistant and Monitoring Interface for Autnomous Rail Application“ (SAMIRA, 2019–2023) wurde ein ähnliches Assistenzsystem für fernüberwachtes Rangieren mit unbesetzter Zugspitze entwickelt, Abb. 2.29. Hierzu wurde ein mobiles Sensorsystem, bestehend u.a. aus Lidar, Kamera und Radar zur Umfelderfassung, über dem letzten Zughaken der Rangierabteilung montiert. Das Videobild wurde dem Lrf auf einen Bildschirm im Führerstand übertragen. Warnhinweise oder ggf. im Gefahrenraum detektierte Hindernisse bis 100 m Entfernung wurden mittels Augmented Reality im Videobild hervorgehoben. Optional wurde ein zweites Sensorsystem an die Rangierlokomotive angebracht, um die assistierte Fahrwegüberwachung in beide Richtungen zu ermöglichen. Darüber hinaus wurde dem Lrf die empfohlene Geschwindigkeit angezeigt, die aus den erkannten Geschwindigkeitstafeln und den Positionen anderer, mit dem SAMIRA-Assistenzsystem ausgestatteten Fahrzeugen im lokalen Mesh-Netzwerk abgeleitet wurden. [124–126]

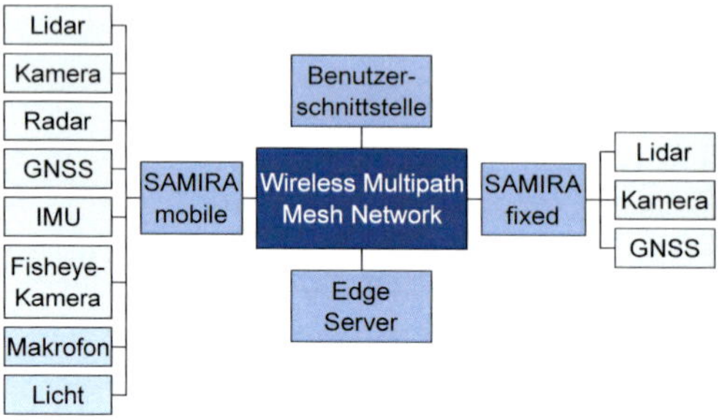

(a) Konzept nach [125]

(b) Güterwagen mit angehängter Sensoreinheit [R. Pfaff]

Abb. 2.29: Shunting Assistant and Monitoring Interface for Autnomous Rail Application (SAMIRA)

In einem weiteren Kooperationsprojekt (2020–2022) u.a. zwischen Lineas, ProRail und Alstom wurde eine diesel-hydraulische Rangierlokomotive der Baureihe HLD 77 mit einem ATO- und Hinderniserkennungssystem ausgerüstet, um das fahrerlose Rangieren bis 30 $\frac{km}{h}$ auf nicht signalisierten Anschlussbahnen zu untersuchen, Abb. 2.30. Das Sensorsystem zur Umfelderfassung bestand aus vier speziell für verschiedene Entfernungsbereiche ausgerichteten Kameras und einem Radar. Mit Methoden des maschinellen Lernens wurden Personen, Autos und Güterwagen in den Videobildern klassifiziert und die Weichenlage erkannt. So war die Lokomotive in der Lage, vor Hindernissen sowie Güterwagen in kuppelbereiter Position anzuhalten. Das als GoA 4 deklarierte fahrerlose Rangieren, allerdings mit einem Tf im Führerstand als Rückfallebene, wurde Ende 2022 auf der Anschlussbahn Oosterhout Weststad in den Niederladen demonstriert. [127]

Abb. 2.30: Rangierlokomotive HLD 7776 mit Hinderniserkennungssystem [F. Molenaar]

2.4.2 Streckenbetrieb

Vor dem Hintergrund des Güter- und Logistikstruktureffekts wurde Anfang der 1990er der unflexible SGV mit fahrplangebundenen Ganzzügen infrage gestellt und stattdessen der automatisierte, dezentrale und bedarfsorientierte SGV mit einzelnen, motorisierten Transporteinheiten postuliert (vgl. [128, 129]). Zwei komplementäre Lösungsansätze wurden prototypisch umgesetzt und experimentell erprobt: das „Selbsttätig Signalgeführte Triebfahrzeug“ (SST) und der „Selbst-Oraginisierender Güterverkehr“ (SOG), zu letzterem siehe Kap. 2.4.3.2.

Das SST war eine aus einer automatisierten Rangierlokomotive und ein bis drei Güterwagen bestehende Transporteinheit, die bei Fahrterlaubnis fahrerlos und im Mischverkehr mit herkömmlichen Zügen auf der Strecke verkehren konnte. Mittels 25 bis 300 m langen Euroloop-Schleifen jeweils vor einem Hauptsignal wurden semi-kontinuierlich der Signalbegriff, die Entfernung zum nächsten Signal sowie die Entfernungen zu nächsten Orten mit Geschwindigkeitsänderungen unidirektional dem Fahrzeug übertragen. Ein fahrzeugseitiges 2-von-2-Rechnersystem übernahm die ATP-Funktion und berechnete die Überwachungsgeschwindigkeit aus den Daten der letzten Euroloop-Schleife und der aktuellen Position, welche durch einen optischen Drehgeber am Rad ermittelt wurde. Innerhalb dieser Übertragungslücke, in der der nächste Signalbegriff noch nicht bekannt war, wurde stets von einem Halt zeigenden Signal ausgegangen (restriktive Geschwindigkeitsüberwachung). Auf der nicht signaltechnisch sicheren Steuerungsebene regelte ein einkanaliges Rechnersystem die Fahrgeschwindigkeit, die stets unterhalb der Überwachungsgeschwindigkeit lag. Darüber hinaus wurde ein vom Fahrdienstleiter auslösbarer Streckennothalt über Funk sowie ein Fahrzeugnothalt anhand mehrerer Schlagtaster am Fahrzeug vorgesehen, Abb. 2.31a. Das SST wurde zwischen 1994 und 1996 in Aachen erprobt und ab 1996 für den Bedarfsverkehr zwischen zwei Werken der Volkswagen AG in Salzgitter und Wolfsburg eingesetzt, wobei nur der 13 km lange Abschnitt zwischen Salzgitter und Braunschweig automatisch befahren wurde. [128, 131–134]

Im Rahmen des Forschungsprojekts „CargoMover“ (2002) wurden zwei selbstfahrende Gütertriebwagen für den EWV entwickelt, die automatisierte Tür-zu-Tür-Transporte mit max. 80 $\frac{\text{km}}{\text{h}}$ für Entfernungen bis zu 150 km ermöglichen sollten. Hierzu wurden zwei motorisierte Endwagen des Dieselgütertriebzugs „CargoSprinter“ (BR 690/691) der Deutschen Bahn umgebaut. Die CargoSprinter-Führerstände wurden entfernt und die Fahrzeugsteuerung in ein zwischen den Längsträgern platziertes Gehäuse verlagert. An beiden Wagenenden befand sich ein Sensorsystem zur Umfelderfassung (Abb. 2.31b), jeweils aus einer Videokamera, fünf Radar- und zwei Lidarsensoren bestehend. Die Datenfusion und -auswertung erfolgte kaskadiert mit fahrzeugseitigen Industrie-PCs. Dank dieser Vorkehrung hatte der CargoMover 80 m maschinelle Sichtweite und konnte bis 30 $\frac{\text{km}}{\text{h}}$ mit automatischer Hinderniserkennung fahren (für den Bereich des Gleisanschlusses). Bei höheren Geschwindigkeiten (für die Strecke) fuhr er eigenständig bei Fahrterlaubnis der Betriebszentrale mit ETCS L2oS, Kap. 2.3.3.3. Die Erprobung erfolgte im Prüfcenter Wegberg-Wildenrath (PCW) zwischen auf einer digitalen Karte einprogrammierten Zielen. Auf den Transportauftrag hin forderte die Betriebszentrale die Einstellung der Fahrstraße beim elektronischen Stellwerk (ESTW) an, übermittelte die Fahrterlaubnis nach Bestätigungserhalt per GSM-R an den CargoMover und dieser fuhr die Ziele schließlich selbständig an. [135, 136]

(a) Selbsttätig Signalgeführtes Triebfahrzeug (b) CargoMover

Abb. 2.31: Selbsttätig Signalgeführtes Triebfahrzeug und CargoMover [Archiv IFS]

Um nicht jeden Güterwagen mit streckentauglicher Antriebsleistung und Zugsicherungstechnik ausstatten zu müssen und um Blockbelegung durch einzelne Wagen zu vermeiden, wurde das Konzept des CargoMovers im Projekt „Flex-Cargo-Rail“ weiterentwickelt, Abb. 2.32. Der nunmehr batteriebetriebene Güterwagen, der sog. Nutzlastträger (NLT), verfügt lediglich über eine reduzierte Antriebsleistung für funkferngesteuerte Rangierfahrten auf der letzten Meile zwischen Kbf und Ladestelle. Die für den Streckenbetrieb notwendige Leit- und Sicherungstechnik wurde in ein separates Kopffahrzeug (KF) verlagert, welches gegenüber einer Streckenlokomotvie ebenfalls eine reduzierte Antriebsleistung besitzt und mit mehreren NLT im Zugverband verkehrt. Zudem werden die Traktionsbatterien der NLT im Streckenbetrieb vom KF über einen durchgehenden Energiebus aufgeladen. [137–140]

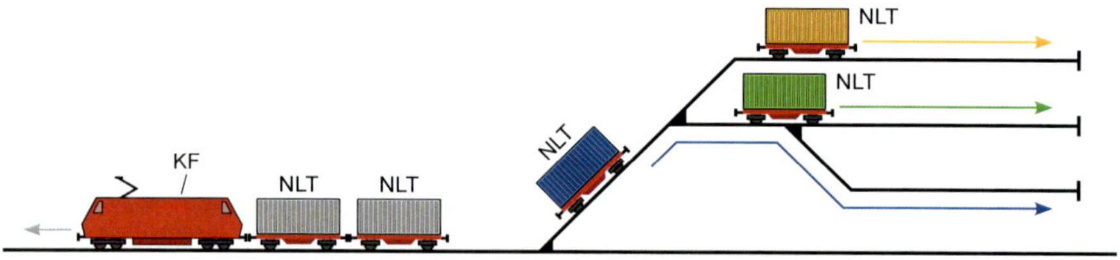

Abb. 2.32: Ladestellenbedienung mit selbstfahrenden Nutzlastträgern (NLT) des Flex-Cargo-Rail-Systems nach [137]

Mit dem Projekt „AutoHaul“ (2018) nahm das Bergbauunternehmen Rio Tinto in Zusammenarbeit mit Hitachi Rail STS in der Pilbara-Region Westaustraliens erstmalig eine vollautomatisierte Vollbahn (GoA 4 mit ETCS L2) in den kommerziellen Betrieb. Von 16 Minen transportieren die ca. 2,4 km langen und 28.000 t schweren, fahrerlosen Güterzüge Eisenerz zu den Hafenterminals. Dabei werden auch Bahnübergänge passiert, die infrastrukturseitig per Video und lasergestützter Hinderniserkennung fernüberwacht sind. Die Leitstelle befindet sich in der 1.500 km entfernten Großstadt Perth. [141]

2.4.3 Rangierbetrieb

2.4.3.1 Rangierbahnhöfe

Ein teilautomatischer Rangierbetrieb auf Rbf mit ZBA durch zentrale, rechnergestützte Steuerung der Ablaufanlage (siehe Kap. 2.2.2.1) sowie der Abdrückgeschwindigkeit der ferngesteuerten Lokomotiven ist bereits seit den 1970ern Stand der Technik [142].

Auf dem modernen Rbf Luzhskaya-Sortirovotschnaja bei Sankt Petersburg wurde 2015 das von einem ESTW aus ferngesteuerte, automatisierte Rangieren demonstriert. Hierfür wurden drei Rangier-Diesellokomotiven der Baureihe TEM7A mit Sensor-, Steuerungs- und Kommunikationsmodulen ausgerüstet, um in der Einfahrgruppe das Rangieren in einer vom Stellwerk eingestellten Fahrstraße das Ansetzen an einen Wagenzug sowie das Abdrücken vom Ablaufberg ohne Fahrereingriff zu bewältigen. Das jeweils an der Fahrzeugfront befindliche Sensorsystem aus Lidar, Radar und Videokamera überwachte zudem den Fahrweg. Aufgrund der in Russland vorherrschenden automatischen MPK erfolgte das Kuppeln und Entkuppeln zwischen der Rangierlokomotive und dem Wagenzug ebenfalls automatisch, das Trennen der Abläufe jedoch händisch mit einer Entkuppelstange. Obwohl der Rangierbetrieb zwischen der Einfahrgruppe und dem Ablaufberg mittlerweile nahezu ausschließlich automatisiert durchgeführt wird, ist rechtlich bedingt weiterhin die Anwesenheit eines Lrf im Fahrzeug notwendig. [143]

Im Rahmen des Forschungsprojekts „Vollautomatische Abdrücklokomotive“ (VAL, 2017) wurde eine Rangierlokomotive der BR 296, ähnlich dem CargoMover, mit Sensor- und Rechnerkomponenten nachgerüstet, sodass diese aus der Parkposition selbstständig an einen Wagenzug ansetzen, diesen zum Ablaufberg befördern und anschließend sich selber zur nächsten Zugeinheit umsetzen konnte. Das jeweils am Fahrzeugende angebrachte Sensorsystem (Vehicle Sensor Unit), bestehend aus einem 8-Lagen-Laserscanner, RGB- und Wärmebildkamera, übernahm dabei die Hindernis-, Personen- und Wagenerkennung. Die Steuereinheit (Autonomous Decision and Control Unit) traf ausgehend von Objekterkennung und Fahrzeugortung mittels IMU und DGPS Fahrentscheidungen, die sie über eine Fahrzeugschnittstelle (Power and Brake Control) umsetzte. [144, 145]

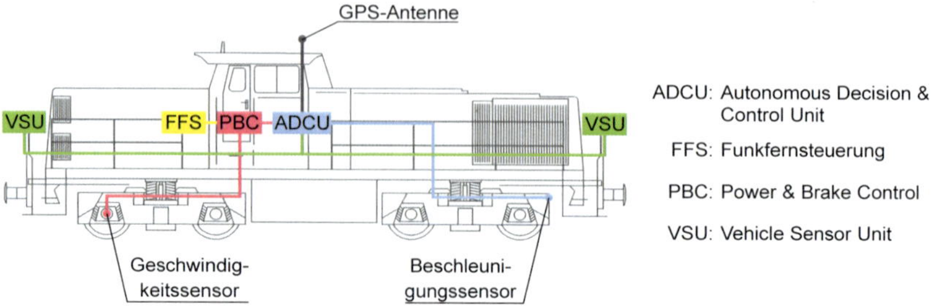

Abb. 2.33: Schema der Vollautomatischen Abdrücklokomotive (VAL) nach [144]

2.4.3.2 Anschlussbahnen

Als komplementäre Ergänzung zum SST (Kap. 2.4.2), welches auf signalisierten Strecken anwendbar ist, wurde in [130] der Selbst-Organisierende Güterverkehr (SOG) für den fahrer- und fahrplanlosen „Selbstwähl-Direktverkehr“ auf Anschlussbahnen ohne Stellwerk vorgestellt, Abb. 2.34. Die einzige, streckenseitig erforderliche Einrichtung ist die funkferngesteuerte Weiche, die bei Annäherung und auf Anfrage des Triebfahrzeugs in die gewünschte Weichenstellung fährt und nach der Endlagenprüfung eine Bestätigung zurückmeldet. Die elektronischen Streckendaten liegen dem Fahrzeugbordrechner vor, an dem auch die manuelle Zieleingabe vorgenommen wird. Daraufhin berechnet er die Route und teilt diese sowie seine aktuelle Position den anderen SOG-Fahrzeugen mit. Im Falle eines Belegungskonflikts wird unter den beteiligten Fahrzeugen über Alternativrouten oder ein sukzessives Abfahren der kritischen Routenabschnitte abgestimmt, bevor die automatische Fahrt beginnt. Es wurden drei Triebfahrzeuge umgerüstet, um den SOG-Betrieb 1996 in Aachen zu testen und 1997 auf Gleisen der DB AG in Minden zu demonstrieren. [130, 132, 133]

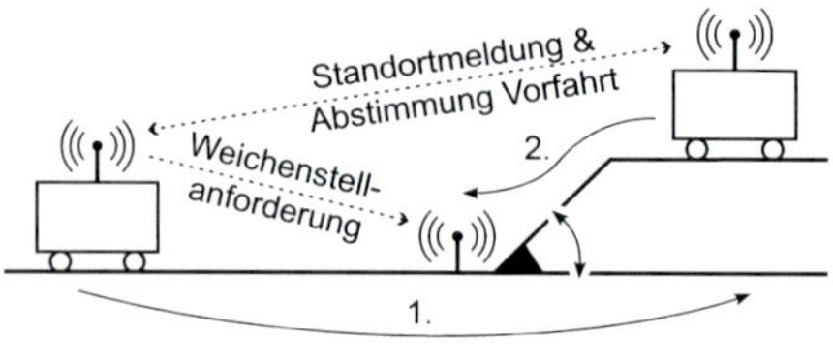

(a) Schema nach [133]

(b) Versuche mit Kleinlokomotiven [Archiv IFS]

Abb. 2.34: Selbst-Organisierender Güterverkehr

Beim SOG handelt es sich somit um eine Instanz autonomen Fahrens mittels Vehicle-to-Vehicle(V2V)- und Vehicle-to-Infrastructure(V2I)-Kommunikation, lange bevor diese Begriffe eingeführt wurden.

Nach CargoMover und Flex-Cargo-Rail (Kap. 2.4.2), deren Betriebskonzepte ebenfalls das fahrerlose Fahren auf Anschlussbahnen vorsahen, wurde der Ansatz des selbstangetriebenen Güterwagens im Zuge des digitalen Wandels wieder aufgegriffen. Im BMBF-Förderprojekt „Neue Elektronik- und Kommunikationssysteme für den intelligenten, vernetzten Güterwagen – Güterwagen 4.0“ (2018–2021) wurde der Güterwagen in Anlehnung an Industrie 4.0 als ein vernetztes Element im Internet der Dinge (engl. *Internet of Things*, IoT) betrachtet und in fünf konsekutiven Ausbaustufen (Klassen) vorgestellt, siehe Abb. 2.35.

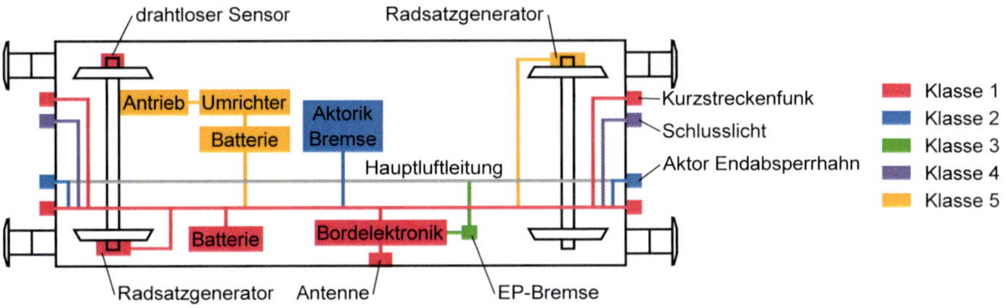

Abb. 2.35: Konzept des Güterwagens 4.0 in verschiedenen Ausbaustufen nach [148]

Klasse 1 beinhaltete eine grundlegende Telematikausstattung, einen Wagenrechner, Antennen an Wagenenden zur Kommunikation mit benachbarten Wagen sowie zentrale Antennen für WLAN und Mobilfunk, ein Achsdeckelgenerator zum Laden einer Batterie im Hauptlauf, die der Energieversorung dient und ggf. weitere Sensoren für verschleißbehaftete Teile für die Zustandsüberwachung (Condition Monitoring). Dadurch wurde dem Güterwagen eine digitale Identität und Kommunikationsvermögen verliehen. Für eine automatische Zugvorbereitung wurden in Klasse 2 Aktoren zur Betätigung der Pneumatikabsperrhähne und Feststellbremse sowie zur Veränderung der Bremsstellung ergänzt, welche im Streckenbetrieb abgeschaltet wurden. Ein weiterer Aktor zur Vorsteuerung der Bremse ähnlich der EP-Bremse war für Klasse 3 vorgesehen. Klasse 4 markierte die Grenze, ab der eine sichere Zugintegritätsüberwachung vorhanden war und Klasse 5 schließlich umfasste den eigenen Antrieb zur selbstständigen Ladestellenbedienung, der ebenfalls im Streckenbetrieb abgeschaltet wurde. [146–149] Ähnlich wie bei der DAK wird der signifikante Nutzen erst mit dem Erreichen einer kritischen Masse an intelligenten Güterwagen erwartet. Daher wurden eine autonome Werksbahn und eine halbautomatische Gleisanschlussbedienung als erste Anwendungsbeispiele des Migrationskonzepts vorgeschlagen. [150–152]

Im Rahmen des vom Bundesministerium für Wirtschaft und Energie geförderten Verbundprojekts „Galileo Online: GO!“ (2015–2018) wurde ein satellitenbasierter Navigationsempfänger für Bahnanwendungen entwickelt, mit dem als Anwendungsbeispiel das automatisierte Rangieren von Flachwagen mit einem Rangiergerät im Rail & Logistik Center Wustermark demonstriert wurde. Der Fokus dieses Projekts lag auf der hochgenauen Positionsbestimmung mittels Mehrfrequenz- und Multikonstellationsverarbeitung sowie Sensorfusion mit Beschleunigungs- und Drehrateninformationen. Die Rangierbewegungen wurden fernausgelöst und basierten ausschließlich auf Positionsinformationen der Fahrzeuge. [153, 154]

3 Problemstellung und Zielsetzung

In Anbetracht der rechtlichen Vereinfachungen bezüglich des Betriebs von Anschlussbahnen im Gegensatz zum öffentlichen Streckennetz und des hohen manuellen Arbeitsanteils bei einer gleichzeitig überschaubaren Zahl von Fahrzeugbewegungen weisen kleine Rangierbetriebe ein hohes Automatisierungspotenzial auf. Die vorherrschenden Randbedingungen wie niedrige Geschwindigkeiten, kurze Fahrwege und ein begrenztes, nicht öffentliches Areal begünstigen den Einsatz von automatisierten oder autonomen Fahrzeugen zum Rangieren (vgl. [13, 15]). Mit einer Automatisierung können geringe und unregelmäßige Rangierbedarfe flexbiel bedient werden, sodass eine Steigerung der durchschnittlichen Auslastung des Gleisanschlusses möglich ist (vgl. [155, 156]).

Es existieren diverse Ansätze, Güterwagen mit Sensorik und eigenem Antrieb auszustatten (vgl. [125, 135–137, 148]), um eigenständiges Rangieren zu ermöglichen. Neben der durch den eigenen Antrieb reduzierten Nutzlast unterliegen Güterwagen im Allgemeinen darüber hinaus einem sehr hohen Kostendruck, was eine weitreichende Nachrüstung ähnlich wie bei der Einführung der DAK erschweren würde, da der signifikante Nutzen erst ab einem kritischen Anteil nachgerüsteter Wagen eintritt (vgl. [112]). Die Automatisierung vollwertiger Rangierlokomotiven (vgl. [143, 144]) beschränkt den Nachrüstaufwand zwar auf einzelne Fahrzeuge, erscheint aber aufgrund der hohen anfallenden Anschaffungs- und Betriebskosten ungeeignet für kleinere Anschlussbahnen. [6, 11]

Das übergeordnete Ziel der vorliegenden Arbeit ist es daher, einen Nachweis für die technische Machbarkeit des Einsatzes von autonomen Zweiwege-Rangiergeräten im Bereich des Flachrangierens zu erbringen und gleichzeitig das wirtschaftliche Potenzial des vorgeschlagenen Ansatzes im Vergleich zum manuellen Rangieren auf kleinen Anschlussbahnen mit geringem Güterdurchsatz aufzuzeigen. Aus den in Kap. 2.2.3.2 genannten Eigenschaften eines Zweiwegefahrzeugs ergeben sich drei wesentliche Vorteile gegenüber der schienengebundenen Lokomotive:

- geringere Anforderungen an die Hinderniserkennung im Fahrzeugvorfeld durch kürzere Bremswege,
- flexiblere Routenplanung durch die Fähigkeit des Ein- und Ausgleisens auf bodenbündigen Gleisabschnitten und
- niedrigere Anschaffungs- und Betriebskosten.

Zunächst wird ein autonomes Rangiergerät konzipiert, entwickelt und mittels virtueller Simulation eines beispielhaften Rangierbetriebs auf seine technische Umsetzbarkeit hin geprüft. Eine experimentelle Validierung des simulierten Rangierbetriebs ist mangels geeigneter

Infrastruktur nicht Bestandteil dieser Arbeit. Dabei ist zu berücksichtigen, dass der mit dem autonomen Rangieren adressierte Anwendungsfall nicht exisitiert bzw., wie in Kap. 1 und 2.2.2.2 erläutert, bereits eingestellt wurde (Henne-Ei-Problem). Daher werden in einem nächsten Schritt Feldversuche zu ausgewählten Teilfunktionen des autonomen Rangiergeräts durchgeführt. Anschließend wird das autonome Rangieren vergleichend zum manuellen Rangieren mit einer Rangierlokomotive bewertet. Neben dem Aufzeigen des Potenzials soll mit diesen Ergebnissen ein Beitrag zur Entscheidungsfindung für eine reale Umsetzung in Form einer Pilotanlage geleistet werden.

4 Lösungsansatz

Nachfolgend wird als Erstes das Konzept des autonomen Zweiwege-Rangiergeräts vorgestellt. Anschließend wird ein beispielhafter Rangierbetrieb, welcher mit dem entwickelten Rangiergerät durchgeführt werden soll, beschrieben. Als Drittes wird auf die für die Entwicklung und Simulation genutzte Software-Tools eingegangen.

4.1 Fahrzeugkonzept

4.1.1 Ausgangsfahrzeug

Das in dieser Arbeit vertretene Fahrzeugkonzept basiert auf dem funkferngesteuerten Zweiwege-Rangiergerät ROTRAC E2 der Firma G. Zwiehoff GmbH, Rosenheim, Abb. 4.1. Das Gerät besitzt eine starre Panzerlenkung[11] aus vier einzeln angetriebenen Rädern mit Vollgummibandagen, eine Nennleistung von 5,5 kW sowie eine Spitzenleistung von 26,5 kW je Motor. Ein Bleiakkumulator mit 30 kWh Gesamtkapazität versorgt das Rangiergerät mit Energie. Sowohl beim Fahren auf dem Gleis (Schienenmodus) als auch auf der Straße (Straßenmodus) werden die Traktionskräfte über die Gummiräder übertragen. Für die Spurführung im Schienenmodus befindet sich jeweils an der Vorder- und Rückseite des Rangiergeräts ein hydraulisch absenkbares Losradpaar mit Spurkranz. Diese Schienenräder haben jeweils einen Durchmesser von 110 mm in der Messkreisebene.

Abb. 4.1: Zweiwege-Rangiergerät ROTRAC E2 der G. Zwiehoff GmbH, Rosenheim

Im Vergleich zu Triebfahrzeugen kann das kompakte Rangiergerät aufgrund des höheren Kraftschlussbeiwerts zwischen Gummirad und Stahlschiene schneller beschleunigen und

[11] Die zur Lenkung notwendige Drehzahldifferenz wird durch die einzelnen Antriebsmotoren erzeugt, d.h. ohne Überlagerungslenkgetriebe.

verzögern und trotz seiner verhältnismäßig geringen Masse von 3,8 t bis zu 250 t Anhängelast auf ebenem Gleis ziehen. Die Höchstgeschwindigkeit ist serienmäßig auf ca. 10 $\frac{km}{h}$ limitiert. Das Fahrzeug kann optional um eine zweite Zug- und Stoßeinrichtung auf der gegenüberliegenden Seite oder eine zusätzliche Luftversorgungsanlage zur Nutzung der Durckluftbremse der gekuppelten Wagen erweitert werden. [57, 157]

4.1.2 Konzept des autonomen Rangierfahrzeugs

Die funktionale Architektur des autonomen Rangiergeräts in seinem Systemkontext ist in Abb. 4.2 dargestellt. Der Bordcomputer verfügt über die „maßgebliche Intelligenz" (vgl. Kap. 2.4.1), steuert und überwacht das Fahrzeug sowie seine Umgebung. Das Rangiergerät hat eine Benutzerschnittstelle zum Einholen von Rangieraufträgen durch authorisiertes Werkspersonal und eine Funkschnittstelle zur Stellanforderung an die Weichen. Die Beauftragung von Rangierarbeiten über die Benutzerschnittstelle erfolgt durch abstrakte Eingaben, vergleichbar mit einer Person, die ihren Rangierbedarf einem Lrf mitteilt. Es ist die Aufgabe des Bordcomputers, den Rangierauftrag in entsprechende Arbeitsschritte zu übersetzen und diese sequenziell durchzuführen. Hierzu kommuniziert dieser mit der OEM-Fahrzeugsteuerung (LINC2 der Linde Material Handling GmbH, Aschaffenburg).

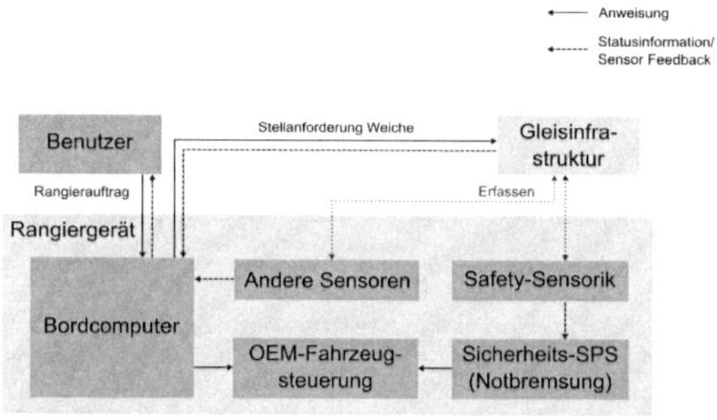

Abb. 4.2: Systemkontext des autonomen Rangierfahrzeugs

Um das Erbringen von Sicherheitsnachweisen im Falle einer späteren technischen Umsetzung zu erleichtern, wird hier bereits eine Trennung zwischen den sicherheitsrelevanten und nicht sicherheitsrelevanten Fahrzeugfunktionen sowohl auf Hardware- als auch Softwareebene vorgenommen. Sicherheitsrelevant sind unter anderem die Entgleisungserkennung oder das sichere Auslösen einer Notbremsung bei Kollision oder unmittelbarer Kollisionsgefahr, Funktionen, die durch SIL-zertifizierte Sensoren und speicherprogrammierbare Steuerung (SPS) umgesetzt werden können. Funktionen wie optimale Routenplanung, Navigation oder präventive Geschwindigkeitsreduktion bei Hinderniserkennung können zur Effizienz des Rangierbetriebs beitragen, unterliegen aber nicht der sicheren Ausführung. Diese getrennte Auslegung der sicherheitsrelevanten und nicht-sicherheitsrelevanten Funktionen ist für die Simulation zunächst unerheblich, jedoch hinsichtlich des späteren Sicherheitsnachweises zu berücksichtigen.

Ein funktionales Ablaufdiagramm für das autonome Rangiergerät ist in Abb. 4.3 dargestellt. Bei jedem neuen Auftrag wird zunächst überprüft, ob das Rangiergerät bereits an einen Wagen gekuppelt ist und wenn ja, ob dieser rangiert oder entkuppelt werden soll. Im gekuppelten Zustand kann lediglich der Lieferort eingegeben werden, andernfalls auch ein Abholort, an dem der zu rangierende Wagen erwartet wird. Nach der Routenplanung, welche die digitale Karte des Rangierbetriebs voraussetzt, navigiert das Rangiergerät zum Ziel und überwacht dabei sein Vorfeld. Das Ein- und Ausgleisen wird bei der Berechnung der optimalen Routen berücksichtigt (strategische Ebene) und ggf. als Subfunktion der Navigation ausgeführt (agierende Ebene). Beim Auftreffen auf ein unerwartetes Hindernis werden zunächst akustische und visuelle Warnsignale ausgegebenen (reaktive Ebene), um dieses zur Fortbewegung aufzufordern. Bei ausbleibendem Erfolg wird versucht, das Hindernis durch lokale Routenänderung zu umfahren, wobei dies nur ohne angekuppelte Wagen möglich ist. Liegt ein Abholauftrag vor, wird der am Abholort stehende Wagen gekuppelt und zum Lieferort rangiert. Nach dem Erreichen des Lieferorts wird abgefragt, ob der Wagen entkuppelt werden und das Rangiergerät sich zur Ladestation begeben soll. Andernfalls wird es bis zum nächsten Auftrag ins Stand-by versetzt.

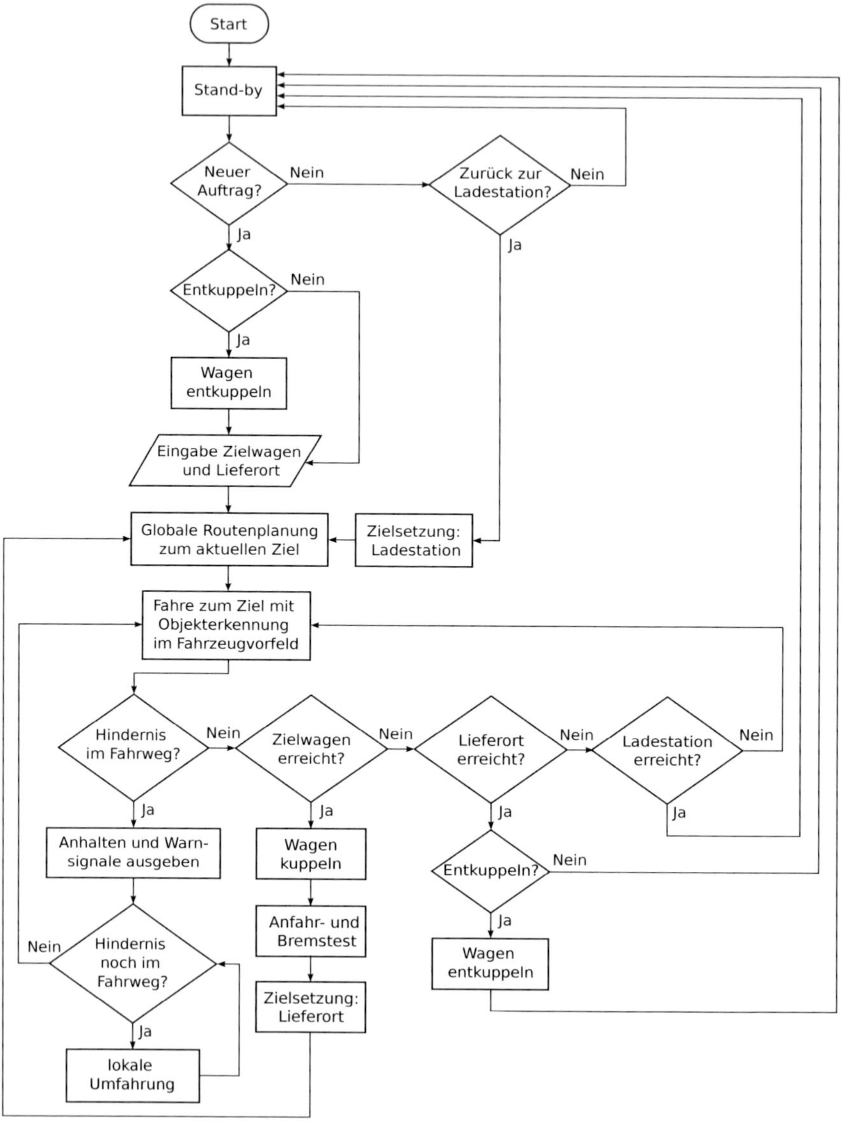

Abb. 4.3: Ablaufdiagramm des autonomen Rangiergeräts

4.2 Rangierszenerie

Der beispielhafte Rangierbetrieb mit einem autonomen Rangierfahrzeug wird auf der in Abb. 4.4 gezeigten, fiktiven Anschlussbahn eines kleinen, verarbeitenden Gewerbes simuliert. Anschlussweiche W1 und Schutzweiche W2 sind handgestellte Weichen, während die elektrisch ortsgestellten Weichen W3 und W4 zusätzlich über eine V2I-Kommunikationsschnittstelle verfügen, sodass das Rangiergerät eine Weichenumstellung anfordern kann. Mit der handgestellten Weiche W2 wird sichergestellt, dass das Rangiergerät stets im abgeschlossenen Bereich der Anschlussbahn bleibt und nicht zur Anschlussweiche W1 gelangen kann. Zwischen den beiden Bahnübergängen BÜ2 und BÜ3 befindet sich eine stationäre Ladestelle zum wagenweisen Be- und Entladen von Gütern. Die Be- und Entladevorgänge werden nicht näher beschrieben. Zusätzlich ist zwischen den Weichen W2 und W3 ein weiterer Bahnübergang BÜ1 vorhanden. An allen BÜ ist das Aufgleisen von der Straße auf die Schiene und umgekehrt möglich. Das Gelände ist eben und die Gleise haben keine Längsneigung, weshalb keine eigenständigen Bewegungen der Wagen zu erwarten sind.

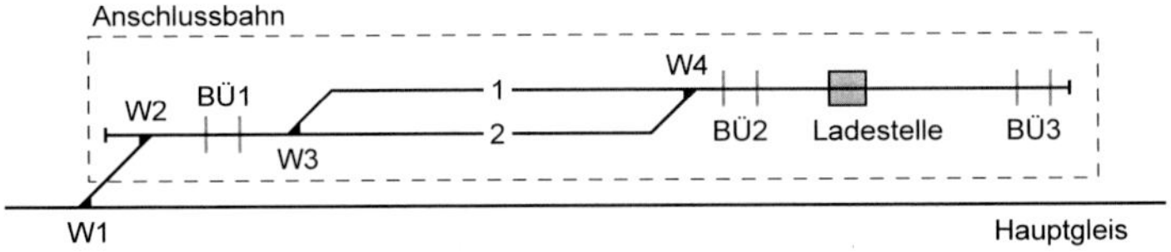

Abb. 4.4: Eine fiktive Anschlussbahn für den autonomen Rangierbetrieb

Es werden per Üg drei mit Halbzeug beladene Wagen stets des gleichen Typs auf Gleis 1 zugestellt. Diese Wagengruppe ist anschließend durch das werkseigene Rangiergerät so zu positionieren, dass Wagen 1 an der Ladestelle steht. Nach Entladung des Halbzeugs und Beladung des Produkts wird die Wagengruppe weiterbewegt, um den nächsten Wagen zur Ladestelle auszurichten. Nach Abwicklung des letzten Wagens wird die nun vollständig mit dem Produkt beladene Wagengruppe auf Gleis 2 abgestellt. Mit der nächsten Zustellung weiterer drei Wagen mit Halbzeugen auf Gleis 1 im Schiebedienst wird die auf Gleis 2 abgestellte Wagengruppe abgeholt.

Diese Art der Anschlussbedienung, bei der das EVU die Wagen unmittelbar nach der Anschlussweiche oder nahe der Ladestelle bereitstellt und die weiteren Rangierbewegungen durch den Anschließer selbst erfolgen, wird auch als Briefkastenbedienung bezeichnet. Hierdurch wird einerseits die Einsatzdauer der liefernden Lokomotive und des Personals reduziert, andererseits kann der Anschließer bzw. Ladestellenbetreiber unabhängig vom EVU bedarfsabhängig Rangierbewegungen durchführen [158]. Der Lieferort (Posteingang) für das EVU ist in diesem Fall Gleis 1, der Abholort (Postausgang) Gleis 2.

4.3 Entwicklungs- und Simulationsumgebung

Die Entwicklung von (automatisierten) Schienenfahrzeugen ist nicht nur durch ihre hohen Investitionskosten, sondern auch durch den Bedarf geeigneter Gleisinfrastruktur zur experimentellen Erprobung unter Berücksichtigung gesetzlicher Rahmenbedingungen mit sehr hohem Aufwand verbunden. Zudem kann dieser Aufwand im Vergleich zum Automobil wiederum nur auf eine wesentlich geringere Stückzahl umgelegt werden. Deshalb ist eine weitgehend rechnergestütze Entwicklung (Computer Aided Engineering) unumgänglich.

Der Hauptzweck des vorgestellten Konzepts geht über das reine fahrerlose Fahren hinaus. Bei einem Rangierauftrag plant das Rangiergerät seine Teilaufgaben und führt diese eigenständig aus. Währenddessen nimmt es in einem für die sichere Ausführung erforderlichen Umfang die Umgebung wahr und prüft laufend die Angemessenheit seiner aktuellen Handlung in der interpretierten Situation. Das Rangiergerät weist somit Merkmale eines autonomen mobilen Roboters (AMR) auf. Deshalb wird in dieser Arbeit zur Modellierung des Fahrzeugs das Robot Operating System (Distribution ROS Noetic Ninjemys) eingesetzt, welches neben seiner Schnittstelle zur 3D-Simulationsumgebung Gazebo (Release 11.0.0) auch als Meta-Betriebssystem die reale Fahrzeugsteuerung abbilden kann. Das verwendete Betriebssystem ist Ubuntu 20.04 LTS.

4.3.1 Robot Operating System

Robot Operating System (ROS) ist ein in der Forschung verbreitetes sowie mittlerweile auch industriell eingesetztes Open-Source-Framework und Meta-Betriebssystem zur Entwicklung und Steuerung von sowie zur Kommunikation mit Robotern. Zum einen bietet es Dienste an, die für ein Betriebssystem typisch sind, wie z.B. Hardwareabstraktion, Low-Level-Gerätesteuerung, Nachrichtenaustausch zwischen Prozessen oder Paketverwaltung. Zum anderen verfügt es über Bibliotheken und Werkzeuge, die die Entwicklung von komplexen Robotern mit wiederverwendbaren Funktionsmodulen sowie das Betreiben von Programmcodes auf verteilten Systemen unterstützen [159].

Abb. 4.5 zeigt die Architektur des ROS. Die für den Roboter relevante Datenverarbeitung findet verteilt in einem Netzwerk von Prozessen, den sog. Nodes, statt. Ein Node ist ein eigener Prozess bzw. Programmcode, der unabhängig von anderen Nodes ausgeführt wird und in der Regel eine funktionale Komponente des Roboters beschreibt, wie z.B. einen Sensor, Aktor oder ein Berechnungsmodul. Als zentrale Verwaltung nimmt der ROS-Master Registrierungen von neuen Nodes entgegen und vermittelt sie auf Anfrage an andere Nodes, sodass diese anschließend peer-to-peer Daten über sog. Topics oder Services austauschen können. Topics sind Datenkanäle eines je nach Einsatzzweck definierbaren Nachrichtentyps mit einer festen Datenstruktur (Message), in der ein Node kontinuierlich seinen Datensatz publiziert (to publish). Bei Bedarf kann ein Node nach Vermittlung durch den ROS-Master einen Topic abonnieren (to subscribe) und dessen Datensatz in der vom Nachrichtentyp definierten Struktur empfangen. Der Versand von Messages über Topics erfolgt unidirektional und asynchron. Ein Node kann gleichzeitig Messages in beliebig vielen Topics publizieren und mehrere Topics abonnieren. Ein Service hingegen stellt eine Anfrage-Antwort-Interkation zwischen den Nodes dar, also eine synchrone Kommunikation, bei der Sender und Empfänger aufeinander warten. Hierzu startet ein Node einen Service unter einem bestimmen Namen und fungiert als Server, dem ein oder mehrere Nodes (Clients) eine Anfrage schicken können. Der Aufrufer des Service wird so lange blockiert, bis seine Anfrage mit einer Rückmeldung beantwortet worden ist. [159, 161, 162]

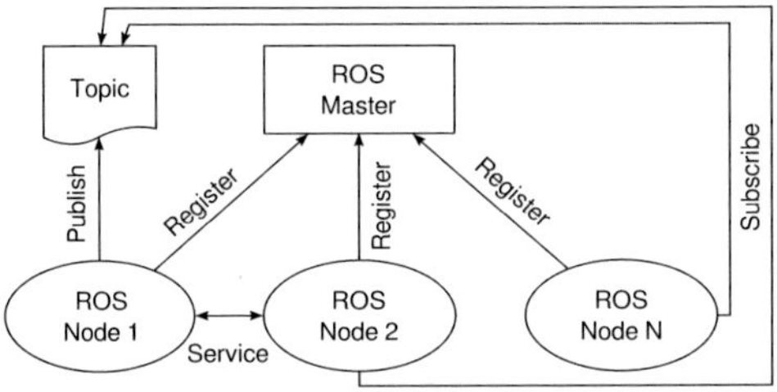

Abb. 4.5: ROS-Kommunikationsarchitektur nach [161]

Für ROS werden die Roboter als ein Mehrkörpersystem in einer XML[12]-Spezifikation, dem sog. Unified Robotic Description Format (URDF) beschrieben. Ein Roboter besteht prinzipiell aus sog. Links (Körper) und Joints (Verbindungselemente), siehe Abb. 4.6. Ein Joint koppelt zwei Links miteinander unter den konfigurierbaren, mechanischen Randbedingungen. Den Links können Attribute wie Visual (Aussehen), Collision (Kollisionskörper), Inertial (Massen und Trägheiten) sowie weitere mechanische Eigenschaften zugewiesen werden. Die Berechnung der Dynamik beruht auf den mechanischen Eigenschaften und Collisions der Modelle. Aus Recheneffizienzgründen wird für Collision daher häufig eine einfachere Geometrie gewählt, während für das Visual ein realitätsnahes 3D-Mesh (Polygonnetz) importiert wird. So besteht ein Roboter im URDF-Modell in der Regel aus mehreren Links, Joints und ggf. Plugin-Erweiterungen (siehe Kap. 4.3.2), während statische Objekte jeweils aus einem Link bestehen.

[12]Extensible Markup Language (XML) ist eine universelle, menschen- und maschinenlesbare Sprache im textbasierten Datenformat zur Speicherung und Darstellung von Daten in einer hierarchischen Struktur.

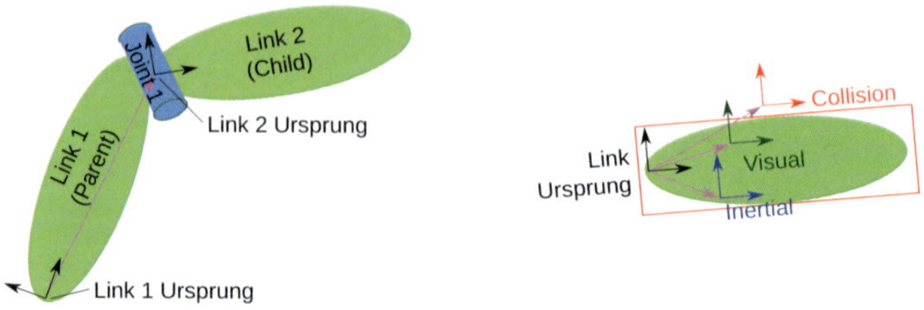

Abb. 4.6: Schematischer Aufbau eines (Roboter-)Modells in URDF (links) und Elemente eines Link (rechts) nach [161]

4.3.2 Gazebo

Gazebo ist eine 3D-Simulationssoftware für Multi-Roboter-Anwendungen mit einem Schwerpunkt auf realistischer Abbildung von Sensoren, Aktoren und der Umgebung mit weiteren Objekten (Gazebo-World), in der sich die Roboter bewegen. Sie ist ebenfalls quelloffen und ein häufig in Kombination mit ROS genutztes Werkzeug für Algorithmus-Design, Rapid Prototyping, Reverse Engineering und dient oft zur allgemeinen Validierung von Roboter-Designs [163].

Gazebo besitzt eine Server-Client-Architektur und nutzt ebenfalls das Publisher-Subscriber-Modell für die Interprozesskommunikation (IPC) wie ROS, siehe Abb. 4.7. Der Gazebo-Server ist für die eigentliche Berechnung der Simulation und die Generierung der Sensordaten verantwortlich. Neben Namensauflösung und Topic-Management ähnlich wie beim ROS-Master veröffentlicht der Gazebo-Server darüber hinaus laufend die berechneten Daten über den aktuellen Zustand der Simulation in entsprechenden Topics. Der Gazebo-Client abonniert die Zustandsdaten und visualisiert sie in der grafischen Benutzeroberfläche.

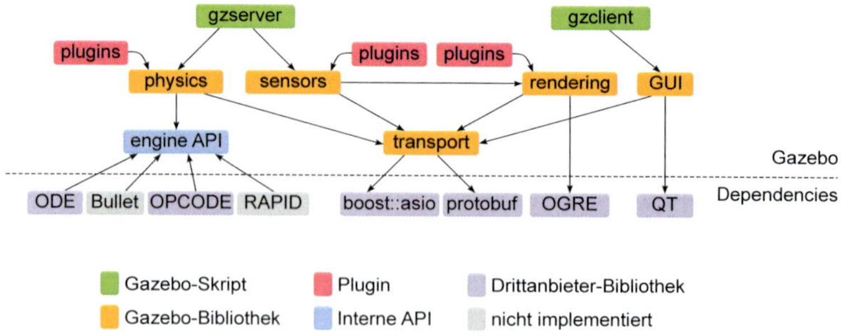

Abb. 4.7: Gazebo-Architektur nach [163]

Über Plugins können nahezu alle Funktionen von Gazebo ausgelesen und manipuliert werden. Dies betrifft insbesondere die Bewegung des Roboters über die Ansteuerung seiner beweglichen Joints, das Auslesen von Sensordaten und die Manipulation der Gazebo-World. Jedes Modell in der Gazebo-World kann mit einem oder mehreren Controllern versehen werden, welche die Steuerbefehle für das Modell oder dessen Joints übermitteln. Die Zustandsdaten dieser Controller wie auch die Sensordaten werden in Topics im gemeinsamen Speicher der IPC publiziert, sodass die Integration der Robotersteuerung unabhängig von der Programmiersprache oder der Hardwareplattform erfolgen kann. Entsprechend verfügt ROS über die relevanten Gazebo-Plugins, um z.B. simulierte Sensor- und Zustandsdaten von Gazebo zu ROS, sowie Aktorikbefehle von ROS zurück zu Gazebo zu senden und so die Simulation dynamisch zu manipulieren. Darüber hinaus kann durch die konsistente Wahl und Benennung der Datentypen der Topics erreicht werden, dass Gazebo mit der ROS-Schnittstelle (API) eines Roboters exakt übereinstimmt. In diesem Fall kann die Robotersoftware oberhalb der Gerätetreiberebene sowohl auf dem realen als auch auf dem virtuellen Roboter direkt ausgeführt werden. [160, 164]

5 Modellbildung

5.1 Modelle

5.1.1 Fahrzeuge

5.1.1.1 Rangierfahrzeug

Das URDF-Modell des Rangiergeräts ist wie folgt aufgebaut: Die vier Antriebsräder sind jeweils über ein Drehgelenk ($DOF = 1$), Continuous Joint, mit dem Fahrzeugkörper verbunden, ihre Drehbewegung wird vom Plugin $skid\_steer\_drive\_controller$ für Panzerlenkung gesteuert. Wie bei der manuellen Bedienung des Rangiergeräts über die Funkfernbedienung erfolgt die Geschwindigkeitsvorgabe nur über die erste und letzte Komponente des Geschwindigkeitsvektors (im Schienenmodus nur die erste), für welches das Topic $/cmd\_vel$ genutzt wird:

$$\boldsymbol{v_{cmd}} = \begin{pmatrix} \dot{x} & 0 & 0 & 0 & 0 & \omega \end{pmatrix}^T \tag{1}$$

Das oben genannte Plugin rechnet gemäß einer vereinfachten Kinematikbeschreibung der Panzerlenkung den Geschwindigkeitsvektor in Radumfangsgeschwindigkeit wie folgt um:

$$v_{Rad,vr} = v_{Rad,hr} = \dot{x} + \frac{a}{2}\omega \tag{2}$$

sowie

$$v_{Rad,vl} = v_{Rad,hl} = \dot{x} - \frac{a}{2}\omega, \tag{3}$$

wobei a der Abstand der Messkreisebenen des rechten und linken Antriebsrades ist.

Die Schienenräder sind ebenfalls über Continuous Joints mit der Spurführungsachse verbunden, jedoch ohne eine Ansteuerung. Die Spurführungsachse ist wiederum über ein Schubgelenk, Prismatic Joint, mit dem Fahrzeugkörper verbunden, sodass sie mittels Plugin $JointPositionController$ abgesenkt und angehoben werden kann, Abb. 5.1. Alle Teile des Modells sind als Starrkörper ausgeführt.

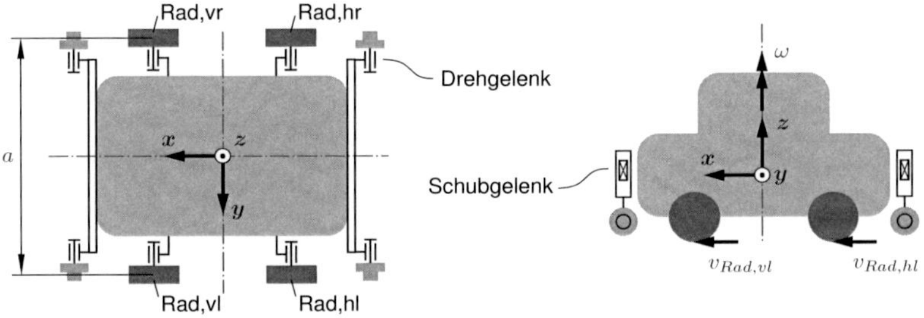

Abb. 5.1: Mechanisches Ersatzmodell des ROTRAC E2

Neben dem physischen Aspekt des Rangiergeräts und dem Aktorik-Plugin sind auch RGB-Kamera, 2D-Lidar und IMU-Sensor über entsprechende Plugins im URDF beschrieben, die in Wechselwirkung mit der Gazebo-World virtuelle Sensordaten generieren und diese in den Topics (Rechtecke in Abb. 5.2) $/camera$, $/laser$ und $/odom$ jeweils für die Vorder- und Rückseite des Rangierfahrzeugs publizieren. Diese Daten werden von verschiedenen Nodes (ellipsenförmige Elemente in Abb. 5.2), die in ihrer Gesamtheit die „Intelligenz" des Roboters ausmachen, abonniert, für unterschiedliche Funktionen verarbeitet und führen schließlich zu Aktorikbefehlen oder Informationsausgaben.

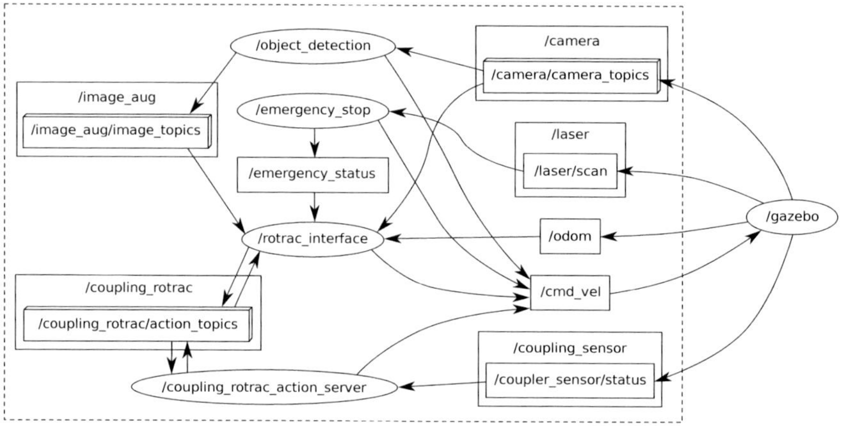

Abb. 5.2: ROS-Graph des autonomen Rangiergeräts

5.1.1.2 Güterwagen

Als Rangierobjekt wurde ein Drehgestellflachwagen des Typs Res mit UIC-Schraubenkupplung und ohne Rungen modelliert, Abb. 5.3. Ähnlich wie beim Rangiergerät wurden hier der Wagenkasten, Drehgestellrahmen und Radsatz als separate 3D-Meshs exportiert und im URDF jeweils den entsprechenden Links zugewiesen. Die Drehgestellrahmen-Links sind über Continuous Joints mit dem Wagenkasten-Link im Drehzapfenabstand verbunden, die Radsatz-Links analog über Joints des gleichen Typs (drehbar um die Querachse) mit dem Drehgestellrahmen im Radsatzabstand. Auf die Modellierung der Vertikaldynamik wurde verzichtet. Da der Güterwagen nur ein passives Modell ist, sind im URDF keine weiteren Plugins enthalten.

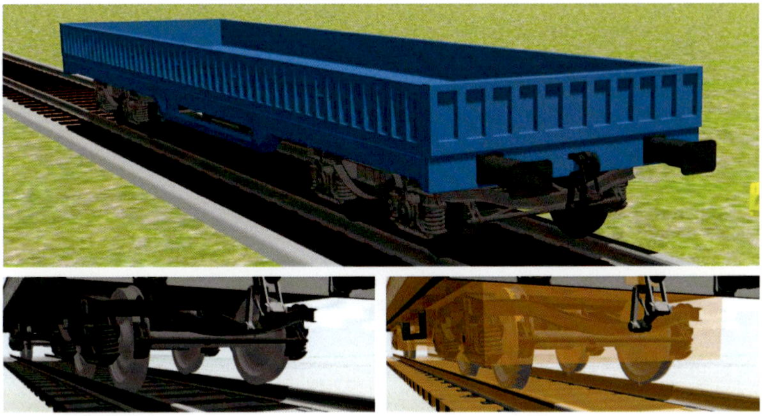

Abb. 5.3: Güterwagenmodell in Gazebo-Umgebung. Oben und unten links: nur Visual; unten rechts: Collision (orange) eingeblendet

5.1.2 Gleiselemente und Spurführung

Die Verwendung eines realistischen Rad- und Schienenprofils in den Kontaktkörpern zur Darstellung der Spurführung hätte einen sehr hohen Rechenaufwand zur Folge, wodurch die Fahrzeugbewegung mit einem handelsüblichen Rechner nicht hinreichend flüssig dargestellt werden könnte. Anstatt das gleiche 3D-Mesh für Collision und Visual zu nutzen, wurden daher einfachere Geometrien für die Collision, die letztlich zur Berechnung der Dynamik relevant sind, erprobt. Darüber hinaus besteht die Möglichkeit, durch frequente Vorgabe der zeit- und trassenabhängigen Pose (Position und Orientierung) der einzelnen Fahrzeuge eine scheinbare, mit entsprechender Wiederholfrequenz flüssige, Fahrzeugbewegung und Spurführung zu erwirken. Um aber den Charakter der passiven Spurführung beizubehalten und ohne Kenntnisse der Trassierung dieser folgen zu können, wird letztlich der in Abb. 5.4 gezeigte Aufbau für Collision gewählt.

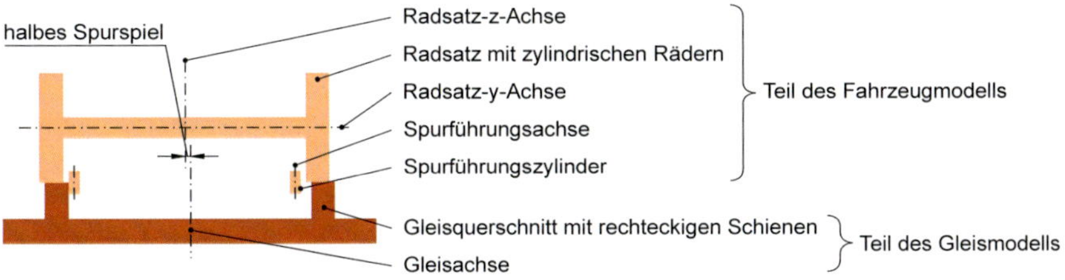

Abb. 5.4: Vereinfachtes Ersatzmodell für die Rad/Schiene-Interaktion

Der Radsatz mit zylindrischen Rädern rollt auf dem ebenen Schienenkopf, während bei jedem Rad eine kleine vertikale, um ihre Hochachse drehbare zylindrische Rolle, deren Position relativ zum Fahrwerk fixiert ist, den Spurkranz darstellt. Die Fahrzeugdynamik wird hierdurch in gewissem Maße verfälscht – es besteht kein Wellenlauf und keine Aufklettermöglichkeit –, jedoch wird das Abfahren der Trassierung aus makroskopischer Sicht recheneffizient und hinreichend genau dargestellt.

Es wurden verschiedene Gleisstücke und eine Eingleisstelle modelliert, die jeweils eine Extrusion des in Abb. 5.4 gezeigten Gleisquerschnitts als Collision beinhalten und nach Belieben zu einem Gleisnetz zusammengesetzt werden können, siehe Abb. 5.5. Der Bahnübergang bzw. der bodenbündige Gleisabschnitt ist 10 m lang.

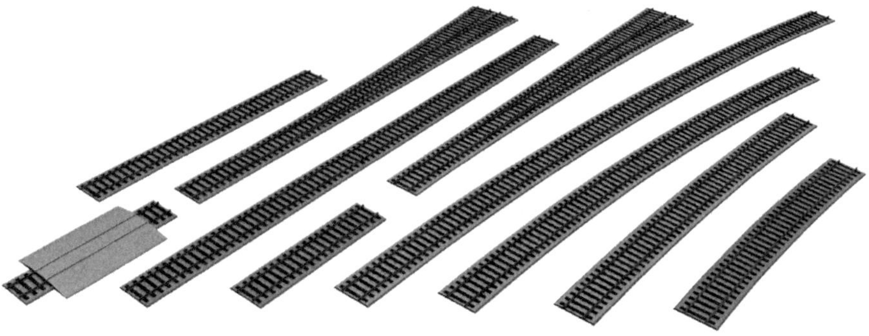

Abb. 5.5: Beispielhafte Gleisstücke als Gazebo-Modelle

Die Weiche kann im Gegensatz zu den statischen Gleisstücken über das eigenentwickelte Plugin $railroad\_switch\_controller$ umgestellt werden. Das Weichenmodell verfügt einerseits über zwei Collisions, eine für das Stammgleis und eine für das Zweiggleis, welche auf Anforderung untereinander vertauscht werden, andererseits über zwei separate Visuals für die beiden Zungenschienen, welche jeweils an ihren Zungenenden um die Hochachse verdreht werden, um den Umstellvorgang zu visualisieren. Die Boolesche Nachricht im weichenspezifischen Topic $/switch\_controller/switchN/cmd$ gibt laufend die aktuelle Weichenstellung wieder, wobei „true“ (1) die Stellung „Stammgleis“ und „false“ (0) „Zweiggleis“ bedeutet, Abb. 5.6. Somit stellt eine Änderung dieser Booleschen Nachricht durch das Rangierfahrzeug bzw. dessen Node $/rotrac\_interface$ die Stellanforderung dar.

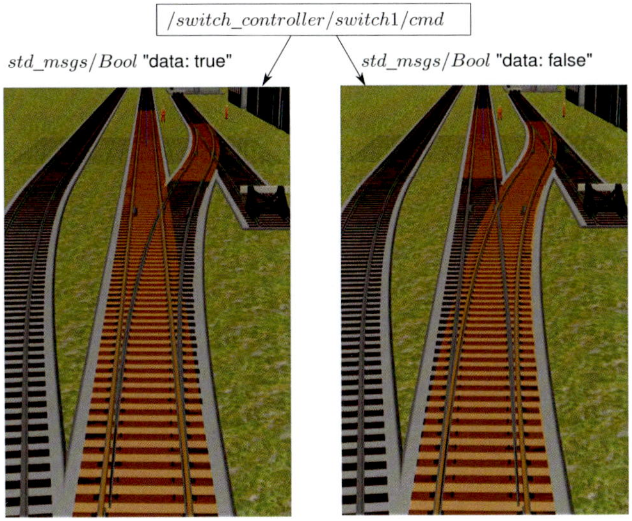

Abb. 5.6: Über ein Topic verstellbares Weichenmodell

5.1.3 Weitere Objekte und Hindernisse

Neben dem Wagen sind als Objekte und mögliche Hindernisse folgende Modelle vorbereitet worden: Person, Gabelstapler, ISO-Container, Prellbock sowie Gebäude und die Umzäunung, siehe Abb. 5.7. Die beiden Erstgenannten werden in den Testszenarien für den Nachweis der Hinderniserkennungsfunktion im Fahrbetrieb verwendet (Kap. 6). Hingegen sind die letzteren Modelle statisch und unterstützen das Mapping während der Navigation.

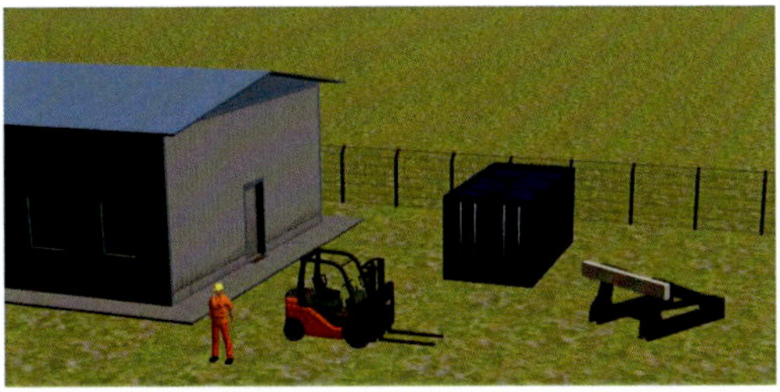

Abb. 5.7: Weitere Objekte als Gazebo-Modell

5.1.4 Rangierumgebung und digitale Karte

Die in Kap. 4.2 beschriebene Rangierumgebung wurde mit den oben genannten Modellen in einer Gazebo-World (*/src/worlds/shunting.world*) aufgebaut, siehe Abb. 5.8. Als Physik-

Engine wurde das Open Dynamic Engine (ODE) vom Typ *quick* ausgewählt, welche das Gauß-Seidel-Verfahren zur numerischen Lösung der Bewegungsgleichungen verwendet. Die Zeitschrittweite wurde auf 1 ms entsprechend einer Aktualisierungsrate von 1.000 Hz gesetzt. Alle Modelle sind statisch bis auf die Zungenschienen der Weichen, die, wie erwähnt, mittels des Plugins $railroad\_switch\_controller$ umgestellt werden können (siehe auch Kap. 5.1.2).

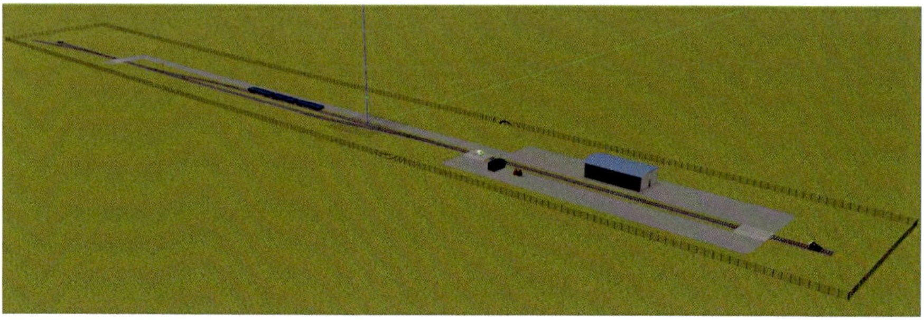

Abb. 5.8: 3D-Modell der Rangierumgebung in Gazebo

Als digitale Karten wurden zwei Typen verwendet: eine abstrakte Karte und eine Belegungskarte. Erstere wird für die globale Routenplanung und die Bedienerinteraktion aus den gegebenen Infrastrukturdaten abgeleitet. Sie bildet die Rangierumgebung als zweidimensionalen Graph aus Kanten und Knoten ab. Jeder befahrbare Pfad, ob Gleis oder Weg, wird durch zwei Knoten (Koordinaten der Start- und Endpunkte) und eine Kantenlänge (Streckenlänge) beschrieben. Eine Weiche besteht demnach aus drei Knoten und zwei Kanten. Neben den Pfaden wurden weitere betriebsrelevante Orte (Ladestelle, Eingleisstellen, Basisstation) als Points of Interests (POI) in einem Python-Dictionary hinterlegt. Im ungekuppelten Zustand soll bei der Routenplanung grundsätzlich das Fahren auf der Schiene gegenüber der Straße bevorzugt werden. Deshalb wurden diejenigen Kanten, die im Straßenmodus zu überwindende Pfade darstellen, höher gewichtet, siehe auch Routenplanung in Kap. 5.2.4.

Die zur Navigation des Rangiergeräts im Straßenmodus implementierte Belegungskarte (engl. *occupancy grid map*) ist eine statische Rasterkarte, die eine zweidimensionale Diskretisierung der Rangier- bzw. Fahrzeugumgebung in Zellen darstellt, vgl. [165]. Die Belegung der Zellen wurde zunächst aus den geometrischen Daten der statischen Modelle aus der Gazebo-World abgeleitet. Ebenfalls die Gleisbereiche wurden auf der Rasterkarte als belegt gekennzeichnet, da sie im Straßenmodus bis auf die Eingleisstellen nicht angefahren werden dürfen. Hierfür wurden sämtliche Gleispfade einmalig manuell befahren und die Sperrbereiche mithilfe der dabei aufgezeichneten Fahrzeugposen definiert.

5.2 Implementierung der Fahrzeugfunktionen

5.2.1 Hinderniserkennung

Die Hinderniserkennung erfolgt in Fahrtrichtung durch einen 2D-Lidar-Sensor in horizontaler Lage. Der überwachte Bereich (Überwachungsfeld) unterscheidet sich in seiner Ausdehnung abhängig vom Kuppelzustand des Rangierfahrzeugs, siehe Abb. 5.9. Diese Unterscheidung liegt darin begründet, dass auf der Schiene durch die maximal spezifizierte Anhängelast mit einem längeren Bremsweg gerechnet werden muss. Des Weiteren wird das Überwachungsfeld in Warn- und Schutzfeld unterteilt. Wird ein Objekt im Warnfeld detektiert, gibt das Rangierfahrzeug zunächst Warnsignale aus – für die technische Umsetzung sind akustische und visuelle Signale angedacht – und reduziert präventiv seine Fahrgeschwindigkeit. Sobald sich das Objekt in dem wesentlich kleineren Schutzfeld unmittelbar vor dem Rangierfahrzeug befindet, wird dieses durch eine Schnellbremsung zum Stillstand gebracht.

Jeweils auf die x-Achse des Fahrzeugs bezogen werden nur die Laserstrahlen im Winkelbereich $\pm\frac{\pi}{2}$ berücksichtigt, die auszuwertende Reichweite l sei eine Funktion des Ausstrahlwinkels α:

$$l(\alpha) = \begin{cases} \frac{l_0}{\cos(\alpha)}, & |\alpha| < \arctan(\frac{b}{l_0}) \\ \frac{b}{\sin(\alpha)}, & \frac{\pi}{2} > |\alpha| \geq \arctan(\frac{b}{l_0}) \end{cases} \tag{4}$$

In einer Voruntersuchung [B3] wurden trassen- und geschwindigkeitsabhängige Überwachungsfelder für die Hindernisdetektion in Gazebo simuliert. Aufgrund der niedrigen Geschwindigkeit und der für ein gummibereiftes Kompaktfahrzeug vergleichsweise großen Bogenradien, die vom Rangiergerät befahren werden, kann zur Vereinfachung bei der Fahrwegüberwachung statische Überwachungsfelder verwendet werden anstatt eines dynamischen Fahrschlauchs. Im Schienenmodus gelten für das Warnfeld $l_{0,w,rail} = 15$ m und für das Schutzfeld $l_{0,s,rail} = 4$ m, respektive im Straßenmodus $l_{0,w,road} = 5$ m und $l_{0,s,road} = 1$ m. Die halbe Breite des Überwachungsfeldes b beträgt in allen Fällen 1,5 m. Daraus ergeben sich die in Abb. 5.9 dargestellten Überwachungsfelder.

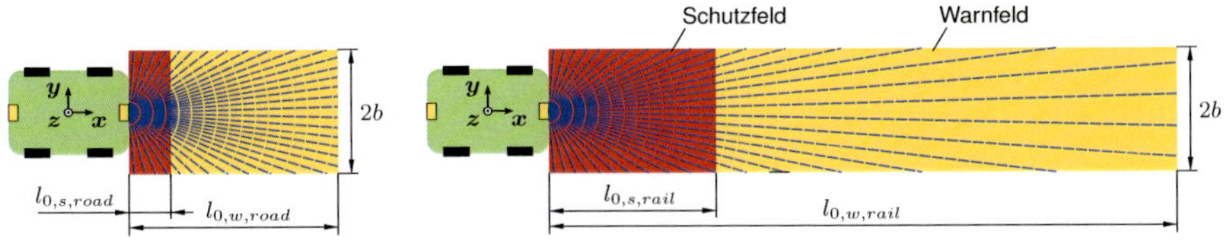

(a) Im ungekuppelten Zustand (b) Im gekuppelten Zustand

Abb. 5.9: Skizze des horizontalen Überwachungsfeldes eines 2D-Lidar-Sensors

Der für die Hinderniserkennung zuständige Node $/obstacle\_detection$ abonniert dementsprechend die Topics $/laser/scan$ und $/laser/scan/index$ jeweils vom vorderen und hinteren Lidar-Sensor und nimmt nach der Auswertung ggf. Einfluss auf die Fahrgeschwindigkeit über das Topic $/cmd\_vel$.

Darüber hinaus wurde beispielhaft ein Algorithmus zur Klassifikation der in Kap. 5.1.3 genannten Objekte mittels Histogram of Oriented Gradients (HOG)[13] und Support Vector Machine (SVM)[14] implementiert [B4]. Daher greift der Node $/obstacle\_detection$ ebenfalls auf das Topic $/camera/image/rgb$ zu, vgl. Abb. 5.2. Dem bei Bedarf auf der Benutzeroberfläche zuschaltbaren Videobild wird um das erkannte Objekt herum eine Bounding Box mit der Entfernungsangabe eingeblendet, siehe Abb. 5.10. Dieser Zusatz ist jedoch rein informativer Natur und keine Auswirkung auf weitere Fahrzeugfunktionen.

(a) Szenerie

(b) Kameraperspektive des Rangierfahrzeugs

Abb. 5.10: Objektklassifikation mittels HOG und SVM an Videobildern des Rangierfahrzeugs.

5.2.2 Kuppeln und Entkuppeln

An der Vorder- und Rückseite des Rangierfahrzeugs ist jeweils eine automatische Rangierkupplung Typ 55 zum mechanischen Kuppeln an UIC-Zughaken vorgesehen. Beim Kuppeln wird auf den Wagen aufgefahren, bis der Zughaken des Wagens in beiden seitlichen Hakenscheiben im Kupplungsmaul eingerastet ist. Zum Entkuppeln werden die Lösehebel auf

[13] HOG ist ein Verfahren zur Merkmalsextraktion in der Bildverarbeitung und wird häufig für die Erkennung von Objekten genutzt, die objekttypische Kanten aufweisen. Hierbei wird das Bild in Zellen unterteilt, für jede Zelle die Kantenorientierungen der Pixel berechnet und in einem Histogramm gespeichert. Die Histogramme aller Zellen werden dann zu einem Merkmalsvektor (HOG-Deskriptor), zusammengefügt, welcher das Bild charakterisiert, vgl. [166].

[14] SVM ist ein Algorithmus des überwachten maschinellen Lernens, welches unter anderem zur Klassifizierung von Objekten verwendet wird, die jeweils durch einen Vektor in einem Vektorraum repräsentiert werden (z.B. HOG-Deskriptor). Der Algorithmus berechnet anhand einer Menge von Trainingsobjekten bekannter Klassen eine Hyperebene mit dem größtmöglichen Abstand zu den Datenpunkten unterschiedlicher Klassen. Zur Klassifizierung eines Objekts wird dann geprüft, auf welcher Seite der Hyperebene (Klasse) dessen Merkmalsvektor liegt, vgl. [167].

der Oberseite des Kupplungsmauls entweder manuell oder automatisch durch einen Pneumatikzylinder betätigt, wodurch sich die Hakenscheiben öffnen und das Rangierfahrzeug vom Wagen wegbewegt wird. Zur Erkennung des Kupplungszustands wurde im Rahmen der in Kap. 7.1 beschriebenen Feldversuche ein induktiver Näherungsschalter in das Kupplungsmaul so verbaut, dass dieser bei Anwesenheit des Zughakens umschaltet und die Zustandsänderung von der Fahrzeugsteuerung ausgelesen wird, Abb. 7.2.

Der Kuppelvorgang besteht aus mehreren Teilschritten, die sequenziell ausgeführt werden. Ausgangslage ist die Navigation zur Zielposition auf dem vom Benutzer eingebenen Abholgleis, an welchem der zu kuppelnde Wagen erwartet wird. Im Bereich der Zielposition $\pm 10\,\mathrm{m}$ wird der zunächst als Hindernis detektierte Wagen auf $3\,\mathrm{m}$ Abstand und mit abnehmender Geschwindigkeit angefahren. Aus dem Stillstand wird eine 3D-Punktewolke der Stirnfläche des Wagens durch Schwenken des Lidar-Sensors um seine y-Achse generiert. Mithilfe von Algorithmen der Punktewolkeverarbeitung aus der freien Programmbibliothek Point Cloud Library (PCL) werden aus der erfassten Punktewolke diejenigen Messpunkte extrahiert, die dem Zughaken zuzuordnen sind, und mit der in einer Datenbank abgelegten Form des Zughakens verglichen, Abb. 5.11. Ist die Vergleichsprüfung erfolgreich, wird von einem kuppelbereiten Wagen ausgegangen und das Rangierfahrzeug fährt mit einer Kuppelgeschwindigkeit von $0{,}1\,\frac{\mathrm{m}}{\mathrm{s}}$ auf den Wagen auf, bis die Kupplung einrastet. Anschließend wird kurz in die Gegenrichtung angefahren, um zu überprüfen, ob die Kupplung korrekt eingerastet ist und der Zughaken sich weiterhin im Kupplungsmaul befindet. Damit ist der Kupplungsvorgang abgeschlossen und das Rangierfahrzeug ist bereit für die nächste Rangiersequenz. War die Vergleichsprüfung der 3D-Messpunkte nicht erfolgreich, wird eine Fehlermeldung generiert, dass der erwartete Wagen nicht aufzufinden ist. [B7]

(a) Szenerie

(b) Punktewolke nach Filterung und Cluster-Extraktion

Abb. 5.11: Kupplungserkennung mittels Algorithmen der Punktewolkeverarbeitung

In ROS ist der Kuppelvorgang im Node $/coupling\_rotrac\_action\_server$ (Action Server) implementiert und wird vom Node $/rotrac\_interface$ (Action Client) aufgerufen, wobei zwischen diesen beiden Nodes Daten über mehrere (Unter-)Topics wie Ziel oder Ergebnis des Kupplungsvorgangs ausgetauscht werden, vgl. Abb. 5.2. Der induktive Näherungsschalter wurde im URDF-Modell als Abstandssensor modelliert und publiziert über das Topic $/coupling\_sensor$ den Kuppelzustand. Jedoch wurde in der Modellierung aus Recheneffizienzgründen auf eine formschlüssige Verbindung zwischen Zughaken und Hakenscheibe im Kupplungsmaul mit entsprechenden Collisions verzichtet. Stattdessen wird bei Meldung des Kupplungssensors über das eigenentwickelte Plugin $gazebo\_ros\_link\_attacher$ ein neues Joint zwischen den beiden zu kuppelnden Körpern generiert, welches eine kleine Drehbewegung um die Hochachse an der Spitze des Zughakens zulässt. Analog wird zum Lösen der Kupplung jenes Joint vom vorhin genannten Plugin entfernt.

5.2.3 Ein- und Ausgleisen

Wie in Kap. 2.2.3 beschrieben, werden Zweiwegefahrzeuge auf Bahnübergängen oder in sonstigen bodenbündigen Gleisbereichen (Eingleisstellen) ein- und ausgegleist, um zwischen Fahrbetrieb auf Straße und Schiene zu wechseln. Diese Fähigkeit wird insofern als ein Systemvorteil gegenüber der konventionellen Rangierlokomotive genutzt, dass bei in entsprechender Anzahl vorhandenen Eingleisstellen eine flexiblere Betriebsführung ermöglicht wird. Ist beispielsweise an den Gleisenden einer einseitigen Gleisharfe ein durchgehender Bahnübergang vorhanden und das Zweiwegefahrzeug soll von einem Gleisende zum anderen bewegt werden, muss es nicht bis zur Weiche oder bis zum Stammgleis der Harfe vor- und anschließend wieder zurückfahren. Stattdessen kann es entlang der Straße quer zur Gleisrichtung verfahren, sofern das Gleis nicht ohnehin durch ein anderes Schienenfahrzeug blockiert ist. Bei Werksbahnen, in denen ein Großteil der Gleise bodenbündig ausgeführt ist, wird dem Zweiwegefahrzeug somit eine weitere Dimension des Bewegungsraums zugänglich.

Das Ein- und Ausgleisen wird als ein Teilproblem der Navigation betrachtet. Zum Eingleisen wird das Rangiergerät im Straßenmodus zunächst zur indexierten Eingleisstelle mit einer maximalen Abweichung von $\pm 0{,}3\,\mathrm{m}$ Abstand y zum Mittelpunkt navigiert, die Orientierung zur Gleisachse beträgt dabei $|\beta| \leq 0{,}2\,\mathrm{rad}$, vgl. Abb. 5.13. Es wird angenommen, dass diese Positionierungsgenauigkeit mittels DGPS oder Real-Time Kinematic (RTK)[15] erreicht wird. Nach dieser Grobpositionierung wird die Feinpositionierung durchgeführt, bis das Rangiergerät nahezu exakt mittig und parallel zum Gleis steht, wobei die relative Fahrzeugpose zum Gleis nun anhand der detektierten Rillen errechnet wird. Hierzu werden die sonst im Fahrbetrieb horizontal ausgerichteten 2D-Lidar-Sensoren nach unten geschwenkt, sodass

[15] RTK ist ein Verfahren zur hochgenauen Positionsbestimmung mittels GNSS, bei dem ein ortsfester Empfänger mit bekannter Position laufend die Korrekturdaten berechnet und diese an den mobilen Empfänger, z.B. einen Roboter, in der Umgebung übermittelt.

sie den Boden unmittelbar vor und hinter dem Rangiergerät „abtasten“, Abb. 5.12.

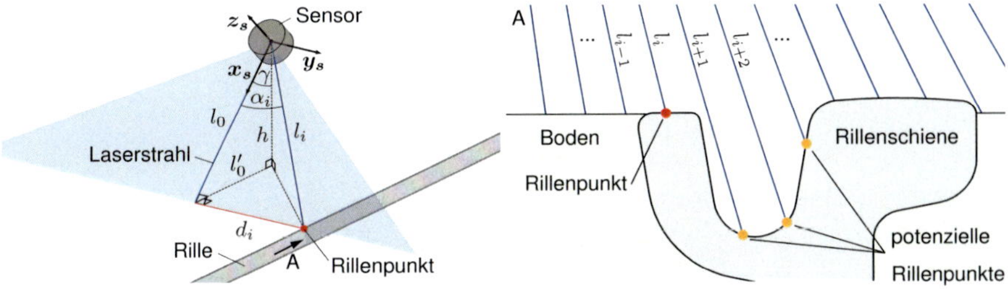

Abb. 5.12: Geometrische Beziehung zwischen Rille und geschwenktem 2D-Lidar des Rangiergeräts

Zur Rillendetektion wird die gemessene Entfernung $l_{ist}(\alpha_i)$ mit der erwarteten Entfernung zum ebenen Boden $l_{soll}(\alpha_i)$ verglichen, die sich gemäß Abb. 5.12 links wie folgt formulieren lässt:

$$l_{soll}(\alpha_i) = \frac{h}{\cos(\alpha_i)\cos(\gamma)} \tag{5}$$

Übersteigt die Differenz bei drei zusammenhängenden Messpunkten konsekutiver Winkelindizen jeweils einen bestimmten, schienenprofilabhängigen Schwellwert, werden diese als potenzielle „Rillenpunkte“ deklariert. Derjenige Messpunkt mit dem nächsthöheren bzw. -niedrigeren Winkelindex, dessen Messstrahl den kleineren Winkel zur x_s-Achse des Sensors einschließt, wird dann als der eigentliche Rillenpunkt[16] gekennzeichnet.

Der kleinste Abstand zwischen diesem Rillenpunkt k und der $x_s z_s$-Ebene des Sensors bzw. Rangiergeräts wird hier als d_k bezeichnet und mit dem soeben ermittelten Winkel errechnet:

$$d_k = \sin(\alpha_i) l_i(\alpha_i) \tag{6}$$

In Abb. 5.13 ist die Draufsicht des Rangiergeräts beim Eingleisen mit momentan vier detektierten Rillenpunkten schematisch dargestellt, aus der sich mit Gl. 6 folgende geometrische Beziehungen ableiten lassen:

$$y + \text{sgn}(m)\sin(\beta)\frac{l}{2} + \cos(\beta)d_k = \frac{s}{2} \tag{7}$$

[16]Genau genommen ist das der obere Eckpunkt der dem Sensor näherliegenden Rillenkante.

$$\text{mit } m = \begin{cases} -1, & k \in \{1,2\} \\ 1, & k \in \{3,4\} \end{cases}$$

sowie

$$d_1 + d_2 = d_3 + d_4 = \frac{s}{\cos(\beta)} \tag{8}$$

wobei y dem Abstand zwischen der Gleisachse und der Gierachse des Rangiergeräts, β dessen Orientierung relativ zur Gleisachse und s der Spurweite abzüglich der doppelten Rillenbreite entspricht. Es sind demnach mindestens drei detektierte Rillenpunkte notwendig, um die relative Pose des Rangiergeräts zur Gleisachse eindeutig zu bestimmen. Der vierte Rillenpunkt, sofern detektiert, kann in der Praxis zur Reduzierung von Schätzfehlern, z.B. aufgrund von Messwertrauschen, beitragen. Zudem ist davon auszugehen, dass je weiter sich das Rangiererät der Zielpose nähert, die Detektion aller vier Rillenpunkte umso wahrscheinlicher wird.

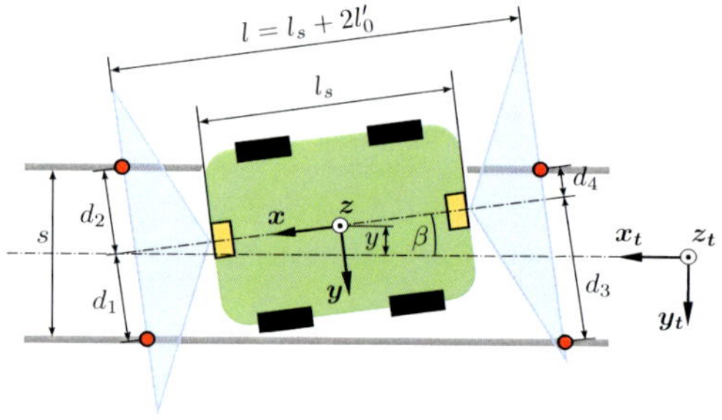

Abb. 5.13: Geometrische Beziehungen zwischen Rillengleis und Rangiergerät beim Eingleisen

Zur Vereinfachung der Reglerauslegung wird angenommen, dass die erste und letzte Komponente des Geschwindigkeitsvektors (Gl. 1, Kap. 5.1.1.1) unabhängig voneinander sind. Die Bewegung des Rangiergeräts soll durch die folgenden beiden Differenzialgleichungen beschrieben werden:

$$\dot{y} = -\sin(\beta)v_x \tag{9}$$

$$\dot{\beta} = -\omega \tag{10}$$

Für dieses System zweiter Ordnung wird ein PID-Regler mit der Stellgröße ω in Abhängigkeit von der Rückführgröße $\begin{pmatrix} \beta \\ y \end{pmatrix}$ vorgeschlagen:

$$\omega = -k_p y + k_d \sin(\beta)v_x - k_i \int y \, \mathrm{d}t \tag{11}$$

wobei die Lineargeschwindigkeit $v_x = 0{,}1\,\frac{\text{m}}{\text{s}}$ konstant gehalten wird. Der Gleichgewichtszustand des Systems ist gegeben durch:

$$\begin{pmatrix} \beta_0 \\ y_0 \end{pmatrix} = \begin{pmatrix} 0 \\ 0 \end{pmatrix} \tag{12}$$

und entspricht der Führungsgröße. Da die Rille breiter als der Spurkranz ist, kann bei gewöhnlichem Spurmaß auch trotz einer geringen Abweichung von der exakten Zielpose eingegleist werden. Dabei gilt: Je kleiner die Winkelabweichung β, desto größer darf der Lateralabstand y sein und umgekehrt. Daher wird eine Abbruchbedingung für die Regelschleife definiert:

$$|d_1 - d_2| < 0{,}01\,\text{m} \wedge |d_3 - d_4| < 0{,}01\,\text{m} \tag{13}$$

Sobald der Zielzustand erreicht bzw. die Abbruchbedingung erfüllt ist, wird das Rangiergerät gestoppt und die Schienenräder werden abgesenkt, womit der Eingleisvorgang abgeschlossen wird. Beim Ausgleisen hingegen ist keine Feinpositionierung notwendig, sondern lediglich die Überprüfung durch Scannen des Bodens mit den Lidar-Sensoren, ob sich das Rangierfahrzeug an einer Eingleisstelle mit überwiegend ebenem Boden befindet. Danach werden seine Schienenräder angehoben, wodurch es in den Straßenmodus wechselt. [A6]

Die zur Feinpositionierung zu verarbeitenden Entfernungsdaten der Lidar-Sensoren werden laufend den Topics $/laser\_front/scan$ und $/laser\_rear/scan$ entnommen. Die oben beschriebenen Berechnungen zur Rillendektion und der Stellgröße werden mit jedem Scanzyklus durchgeführt. Im URDF-Modell des Rangiergeräts wird außerdem das vertikale Schubgelenk (Prismatic Joint) zwischen der Spurführungsachse und dem Fahrzeugkörper durch einen $JointPositionController$ angesteuert, welcher die Endlagen der beiden Spurführungsachsen über den Topic $/axle\_position\_controller/command$ einstellt.

5.2.4 Navigation und Routenplanung

Die globale Routenplanung des Rangiergeräts basiert auf dem Dijkstra-Algorithmus (vgl. [168]) und dem in Kap. 5.1.4 genannten kantengewichteten Graph, bei der Navigation im Straßenmodus hingegen werden überwiegend ROS-Standardbibliotheken (ROS Navigation Stack) verwendet. Vor jeder Routenplanung wird zunächst die eigene aktuelle Position als Startknoten mit einer Kante zum nächsten bekannten Knoten der abstrakten Karte dynamisch ergänzt. Der günstigste Pfad zum Zielknoten wird mit dem oben genannten Algorithmus ausgewählt und muss aufgrund der schienenbevorzugten Gewichtung nicht zwangsläufig der kürzeste sein. Dieser Pfad wird analog zu den Knoten und Kanten in Teilpfade unterteilt, die vom Rangiergerät schließlich sequenziell abgefahren werden. Ist z.B. von der Schiene kommend ein Teilpfad im Straßenmodus zu befahren, wird nach dem Ausgleisen in den Straßennavigationsmodus gewechselt, d.h. die Zielkoordinaten des nächsten Teilpfades werden an den Node $/move\_base$ übermittelt, welcher daraufhin die Navigation anhand der in Kap. 5.1.4 genannten Belegungskarte übernimmt und die Fahrbefehle an den Topic $/cmd\_vel$ publiziert. Die statische Belegungskarte wird dabei laufend um aktuelle Messdaten der beiden horizontal ausgerichteten 2D-Lidar-Sensoren ergänzt und auf dynamische und unerwartete Hindernisse geprüft. Tritt ein unerwartetes Hindernis auf, wird als erstes die Navigation pausiert und das Rangiergerät angehalten, woraufhin dieses Warnsignale ausgibt und wartet. Entfernt sich das Hindernis von alleine, wird die Navigation wieder aufgenommen. Bleibt das Hindernis weiterhin bestehen, so erfolgt die lokale Umfahrung mithilfe der dynamischen Belegungskarte, welche durch den Node $/costmap\_2d$ erstellt wurde.

5.3 Benutzerschnittstelle

Als Benutzerschnittstelle wurde eine rudimentäre grafische Benutzeroberfläche als Node implementiert, welcher über Topics einseits Fahrzeugdaten wie Geschwindigkeit oder Position empfängt und diese auf der Oberfläche anzeigt, andererseits aber auch die Rangieraufträge per Mausklick entgegennimmt, Abb. 5.14.

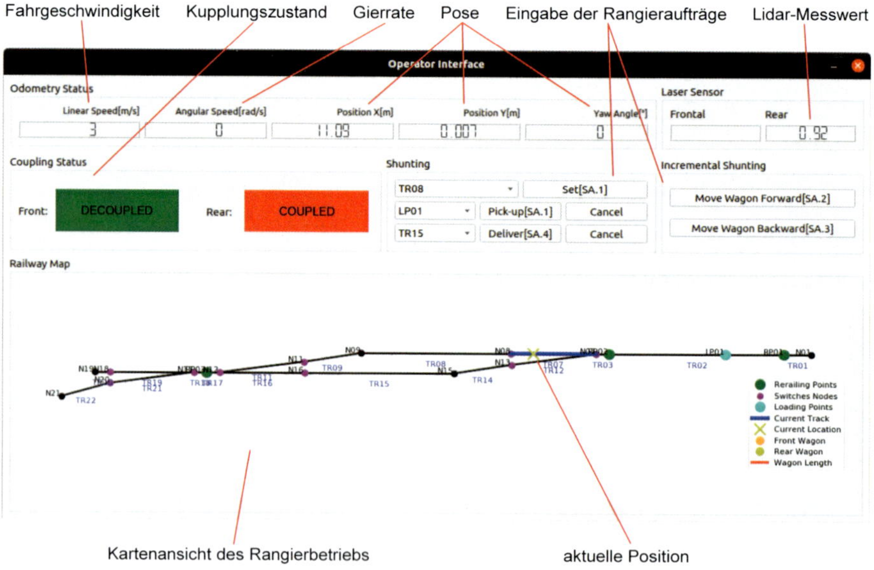

Abb. 5.14: Grafische Benutzeroberfläche

Im Eingabebereich für Rangieraufträge kann z.B. im ersten Dropdown-Menü „TR08“ als Abholgleis sowie im zweiten Dropdown-Menü „LP01“ als Lieferort ausgewählt werden. Mit dem Klick auf die Schaltfläche „Pick-up“ wird dann der Abholauftrag gestartet. Während über die Schaltfläche „Deliver“ das Abstellen der Wagengruppe auf dem im dritten Dropdown-Menü selektierbaren Gleis beauftragt wird, dienen die rechten beiden Schaltflächen „Move Wagon Forward“ und „Move Wagon Backward“ dem inkrementellen Rangieren. Zudem wird auf der Oberfläche eine Kartenansicht des Rangierbetriebs mit der aktuellen Fahrzeugposition dargestellt. Es ist z.B. die Bedienung auf einem Tabletcomputer durch das authorisierte Werkspersonal denkbar.

6 Simulationsdurchführung

In diesem Kapitel werden die zwecks Validierung des in Abb. 4.3 gezeigten Ablaufdiagramms durchgeführten Simulationen in Gazebo beschrieben.

6.1 Randbedingungen

Für die Simulation werden die folgenden Randbedingungen gesetzt. Die digitale Karte des Rangierbetriebs einschließlich der betrieblich relevanten Orte (Points of Interest) sind dem Rangierfahrzeug bekannt. Es wird eine ideale Eigenortung angenommen, d.h. die relative Position des Rangiergeräts zur geschlossenen Rangierumgebung ist stets hinreichend genau bekannt. Ebenfalls bekannt ist die Wagenlänge und die daraus resultierende Länge der Rangierabteilung. Zudem wird eine unterbrechungsfreie Funkkommunikation zwischen Bedien- und Rangiergerät sowie zur Weichensteuerung vorausgesetzt. Die Batterieaufladung erfolgt automatisch, sobald das Rangiergerät die Basisstation erreicht und sich in den Standby-Modus begibt. Der geringe Rangierbedarf bietet ausreichend Gelegenheiten zum Aufladen, weshalb ladezustandsabhängige Umläufe hier nicht betrachtet werden. Zudem werden Be- und Entladevorgänge von Gütern nicht näher beschrieben, sondern lediglich mit einer Verweildauer des Wagens an der Ladestelle berücksichtigt.

6.2 Testszenarien

Im folgenden werden sieben Testszenarien beschrieben. Die ersten vier Szenarien (A1-A4) beinhalten die in Kap. 4.2 genannten Abläufe des beispielhaften Rangierbetriebs. In den letzten drei Szenarien (B1-B3) wird überprüft, ob das Rangiergerät bei unerwarteten Hindernissen erwartungsgemäß reagiert.

6.2.1 Szenario A.1: Wagenabholung aus dem Posteingang[17]

Ausgangssituation

Das Rangiergerät befindet sich in seiner Basisstation im Standby-Modus, Abb. 6.1a. Die zu rangierende Wagengruppe wurde auf Gleis 1 zugestellt und das Werkspersonal wurde benachrichtigt. Auf dem Werksgelände sind bis auf die Wagengruppe keine weiteren Schienenfahrzeuge vorhanden.

Benutzereingabe

Das Werkspersonal beauftragt das Rangiergerät mit der Abholung der Wagen auf Gleis 1

[17] Zum Begriff „Postein- und -ausgang“ im Kontext des Rangierbetriebs siehe Kap. 4.2.

und ihrer Positionierung an der Ladestelle. Die Eingabeaufforderung, ob nach diesem Auftrag ggf. entkuppelt und das Rangierfahrzeug zur Basisstation zurückkehren oder zu einem neuen Ziel fahren soll, wird vom Personal verneint.

Auftragsabarbeitung

Das Rangiergerät berechnet die kürzeste Route zum Abholort und stellt die hierfür notwendige Weichenstellanforderung an W4. Nach Bestätigung der korrekten Weichenstellung fährt das Rangiergerät zum BÜ2, gleist ein und fährt auf Gleis 1 auf die dort erwartete Wagengruppe zu, Abb. 6.1b. Im Abstand von 3 m vor dem ersten Wagen hält es an und leitet den in Kap. 5.2.2 beschriebenen Kupplungsvorgang ein, Abb. 6.1c. Nach dem Kuppeln und der Anfahrprobe setzt sich das Rangiergerät die neue Route, überprüft erneut die Weichenstellung und fährt los, Abb. 6.1d. Die genaue Positionierung des ersten Wagens erfolgt mittels Fahrzeugortung des Rangierfahrzeugs und der ihm bekannten, erwarteten Wagenlänge. Nach Erreichen des Ziels verharrt das Rangiergerät dort im angekuppelten Zustand, Abb. 6.2a.

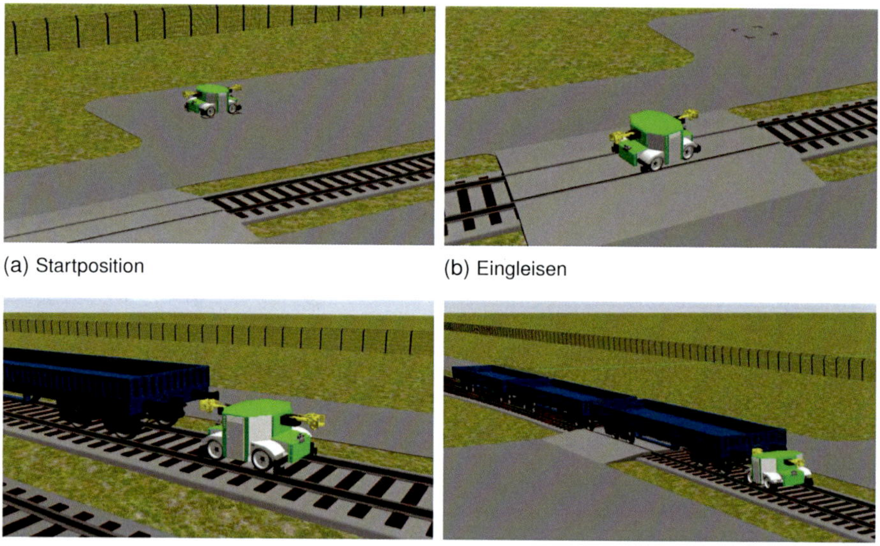

(a) Startposition (b) Eingleisen

(c) Kuppelvorgang auf Gleis 1 (d) Rangieren zur Ladestelle

Abb. 6.1: Simulation Testszenario A.1: Wagenabholung aus dem Posteingang

Ergebnis

Es wurden drei Durchläufe für das Szenario A.1 simuliert, alle wurden jeweils mit identischen

Abläufen erfolgreich abgeschlossen. Die Durchführungsdauer betrug im Durchschnitt 136,4 s nach Benutzereingabe.

6.2.2 Szenario A.2: Inkrementelles Vorrücken

Ausgangssituation

Ausgangssituation für das Szenario A.2 ist die Endsituation des Szenarios A.1, Abb. 6.2a. Nachdem der ersten Wagen abgewickelt ist, soll die Wagengruppe um eine Wagenlänge vorgerückt werden, sodass der zweite Wagen zur Ladestelle positioniert ist.

Benutzereingabe

Das Werkspersonal beauftragt das Rangiergerät, die gekuppelten Wagen um 14 m nach vorne zu bewegen. Auch hier wird eingegeben, dass das Rangierfahrzeug im gekuppelten Zustand verbleiben soll.

Auftragsabarbeitung

Bei diesem einfachen Auftrag erfolgt keine Routenplanung. Lediglich die Hinderniserkennung ist aktiviert, während das Rangierfahrzeug die eingegebene Weglänge abfährt. Nach Erreichen des Ziels verbleibt das Fahrzeug dort bis auf Weiteres wieder im gekuppelten Zustand, Abb. 6.2b.

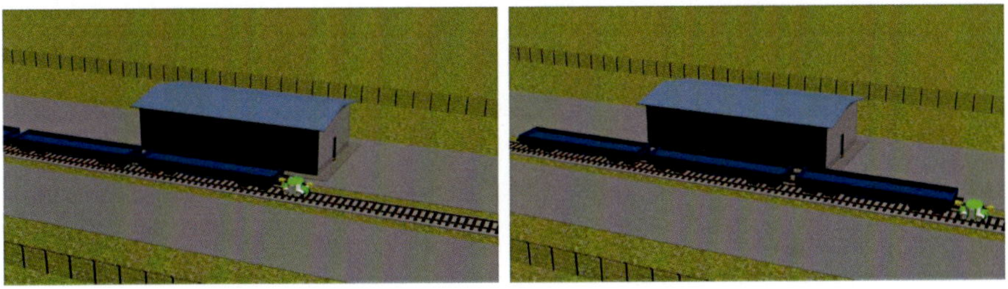

(a) Erster Wagen an Ladestelle

(b) Zweiter Wagen an Ladestelle

Abb. 6.2: Simulation Testszenario A.2: Inkrementelles Rangieren

Ergebnis

Es wurden drei Durchläufe für das Szenario A.2 simuliert, alle wurden jeweils mit identischen Abläufen erfolgreich abgeschlossen. Die Durchführungsdauer betrug im Durchschnitt 14,7 s nach Benutzereingabe.

6.2.3 Szenario A.3: Umsetzen und inkrementelles Vorrücken

Ausgangssituation

Ausgangsituation für Szenario A.3 ist die Endsituation des Szenarios A.2, d.h. die Wagengruppe ist mit dem Rangiergerät gekuppelt und mit dem zweiten Wagen an der Ladestelle ausgerichtet. Produktionsbedingt muss der erste Wagen erneut an die Ladestelle gesetzt werden.

Benutzereingabe

Das Werkspersonal beauftragt das Rangiergerät, die Wagengruppe um 14 m rückwärts zu rangieren. Die Eingabeaufforderung, ob nach diesem Auftrag ggf. entkuppelt und das Rangierfahrzeug zur Basisstation zurückkehren oder zu einem neuen Ziel fahren soll, wird vom Personal verneint.

Auftragsabarbeitung

Da das Rückwärtsrangieren bzw. der Schiebebetrieb mangels Fahrwegüberwachung auf der gegenüberliegenden Seite der Rangiereinheit nicht zulässig ist, berechnet das Rangiergerät zunächst die Route, um die Wagengruppe vom anderen Ende her zu erreichen. Es entkuppelt die Wagengruppe, gleist am BÜ3 aus und am BÜ2 wieder ein, nachdem es die Strecke zwischen den beiden Bahnübergängen auf der Straße zurückgelegt hat, Abb. 6.3a–d. Anschließend fährt es auf die Wagengruppe von links zu und beginnt den Kuppelvorgang, Abb. 6.3e. Abschließend wird die Prozedur des inkrementellen Umsetzens aus Szenario A.2 durchgeführt, Abb. 6.3f.

Ergebnis

Es wurden drei Durchläufe für das Szenario A.3 simuliert, alle wurden jeweils mit identischen Abläufen erfolgreich abgeschlossen. Die Durchführungsdauer betrug im Durchschnitt 146,9 s nach Benutzereingabe.

(a) Entkuppeln

(b) Ausgleisen

(c) Umfahren für den Richtungswechsel (d) Eingleisen

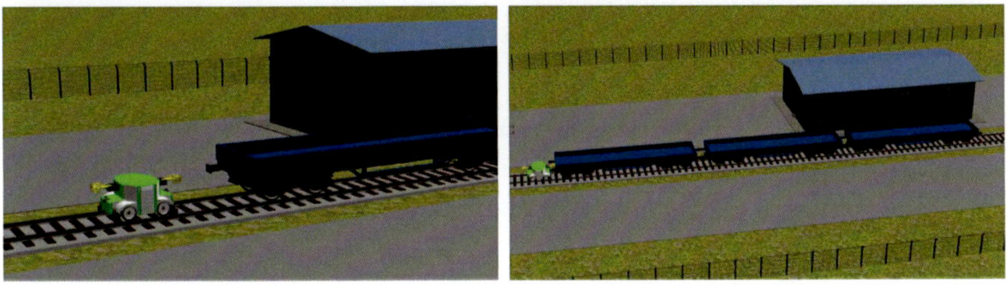

(e) Kuppeln der Wagengruppe am anderen Ende (f) Zielposition

Abb. 6.3: Simulation Testszenario A.3: Inkrementelles Umsetzen nach Richtungswechsel

6.2.4 Szenario A.4: Wagenabstellung im Postausgang[18] und Rückkehr zur Basisstation

Ausgangssituation

Alle drei Wagen wurden an der Ladestelle abgewickelt und sollen nun auf Gleis 2 zur Abholung durch den Üg abgestellt werden. Der Richtungswechsel ist bereits erfolgt, d.h. das Rangierfahrzeug ist mit der Wagengruppe von der dem Gleis 2 zugewandten Seite gekuppelt.

Benutzereingabe

Das Werkspersonal beauftragt das Rangiergerät, die gekuppelten Wagen auf Gleis 2 abzustellen und anschließend zur Basisstation zurückzukehren.

Auftragsabarbeitung

Das Rangiergerät fährt die einzig mögliche Route in Richtung Gleis 2, Abb. 6.4a. Dort angekommen, entkuppelt es und begibt sich zum BÜ1, von welchem es die Weiche W1 auf das Abzweiggleis umstellt und über Gleis 1 zurückfährt, Abb. 6.4b–d. Am BÜ2 gleist es aus und

[18] Vlg. Anm. 12.

parkt abschließend in der Basisstation, Abb. 6.4e–f.

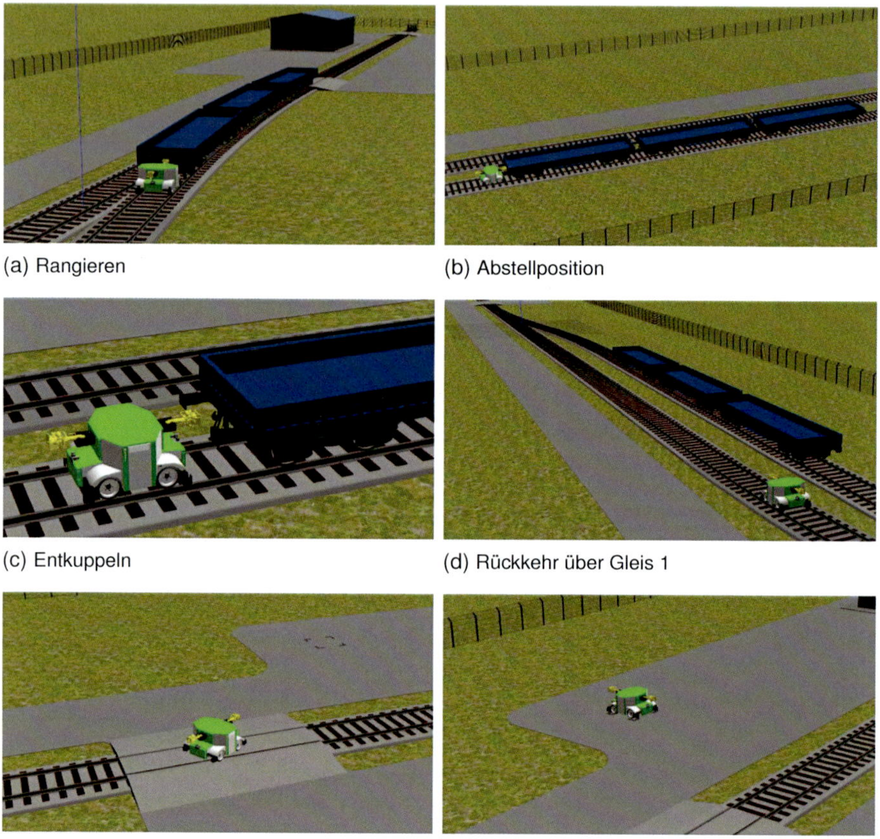

(a) Rangieren
(b) Abstellposition
(c) Entkuppeln
(d) Rückkehr über Gleis 1
(e) Ausgleisen
(f) Basisstation

Abb. 6.4: Simulation Testszenario A.4: Wagenabstellung im Postausgang und Rückkehr zur Basisstation

Ergebnis

Es wurden drei Durchläufe für das Szenario A.4 simuliert, alle wurden jeweils mit identischen Abläufen erfolgreich abgeschlossen. Die Durchführungsdauer betrug im Durchschnitt 192,8 s nach Benutzereingabe.

6.2.5 Szenario B.1: Statisches Hindernis auf der Straße

Ausgangssituation

Ausgangssituation für Szenario B.1 ist die Endsituation des Szenarios A.2. In einer Variation von Szenario A.3 begegnet das Rangierfahrzeug beim Umfahren der Wagengruppe auf der Straße einem unerwarteten statischen Hindernis (ISO-Container).

Benutzereingabe

Die Benutzereingabe erfolgt analog zu Szenario A.3.

Auftragsabarbeitung

Das Rangierfahrzeug hält an und gibt akustische Warnsignale aus. Da das Hindernis nach Wartezeit weiterhin bestehen bleibt, fährt das Rangierfahrzeug nach lokaler Routenumplanung um das Hindernis herum und setzt den Auftrag fort (Abb. 6.5a–d).

(a) Anhalten vor dem Hindernis

(b) Lokale Routenänderung nach Wartezeit

(c) Umfahren des Hindernisses

(d) Fortsetzung der globalen Route

Abb. 6.5: Simulation Testszenario B.1: Statisches Hindernis auf der Straße

Ergebnis

Es wurden drei Durchläufe für das Szenario B.1 simuliert, alle wurden jeweils mit identischen Abläufen erfolgreich abgeschlossen.

6.2.6 Szenario B.2: Dynamisches Hindernis auf der Straße

Ausgangssituation

Ausgangssituation für Szenario B.1 ist die Endsituation des Szenarios A.2. In einer weiteren Variation von Szenario A.3 begegnet das Rangierfahrzeug beim Umfahren der Wagengruppe auf der Straße einem unterwarteten, dynamischen Hindernis (Gabelstapler).

Benutzereingabe

Die Benutzereingabe erfolgt analog zu Szenario A.3.

Auftragsabarbeitung

Das Rangierfahrzeug hält an und gibt akustische Warnsignale aus. Da das Hindernis sich nach kurzer Zeit nicht mehr im Fahrweg befindet, nimmt das Rangierfahrzeug die letzte Route wieder auf.

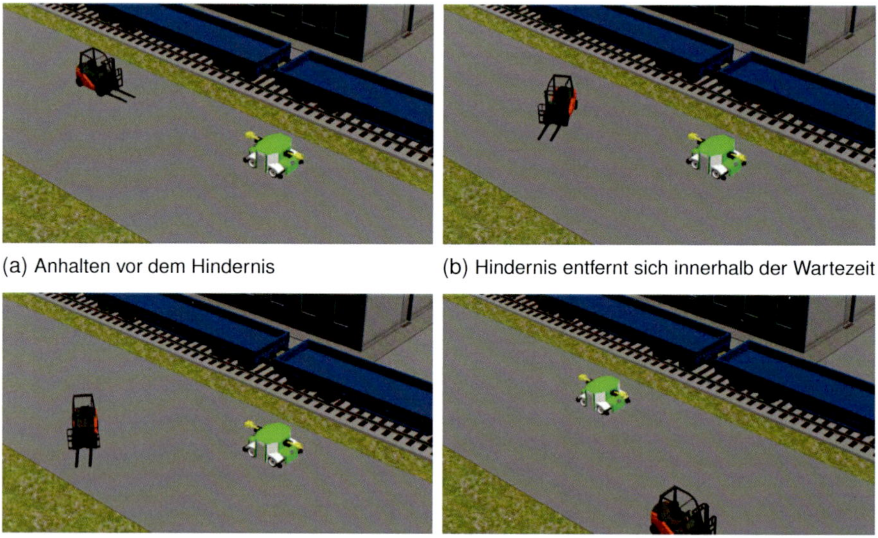

(a) Anhalten vor dem Hindernis

(b) Hindernis entfernt sich innerhalb der Wartezeit

(c) Hindernis nicht mehr im Fahrweg

(d) Fortsetzung der globalen Route

Abb. 6.6: Simulation Testszenario B.2: Dynamisches Hindernis auf der Straße

Ergebnis

Es wurden drei Durchläufe für das Szenario B.2 simuliert, alle wurden jeweils mit identischen Abläufen erfolgreich abgeschlossen.

6.2.7 Szenario B.3: Statisches Hindernis auf dem Gleis

Ausgangssituation

Ausgangssituation für Szenario B.3 ist die Endsituation des Szenarios A.3. In einer Variation von Szenario A.4 befindet sich das Rangierfahrzeug nach dem Abstellen der Wagengruppe auf Gleis 2 nun auf dem Rückweg zur Basisstation über Gleis 1. Jedoch steht auf Gleis 1 unerwarteterweise ein Schienenfahrzeug.

Benutzereingabe

Die Benutzereingabe erfolgt analog Szenario A.4.

Auftragsabarbeitung

Nach Detektion des Hindernisses auf Gleis 1 (Abb. 6.7a) setzt das Rangierfahrzeug eine alternative Route. Es fährt zurück zum BÜ1 und gleist dort aus (Abb. 6.7b–c). Anschließend fährt es auf der Straße entlang des Gleis 1 am Hindernis vorbei (Abb. 6.7d) und parkt in der Basisstation (Abb. 6.4f).

(a) Hindernisdetektion auf Gleis

(b) Rückkehr zum BÜ1

(c) Ausgleisen am BÜ1

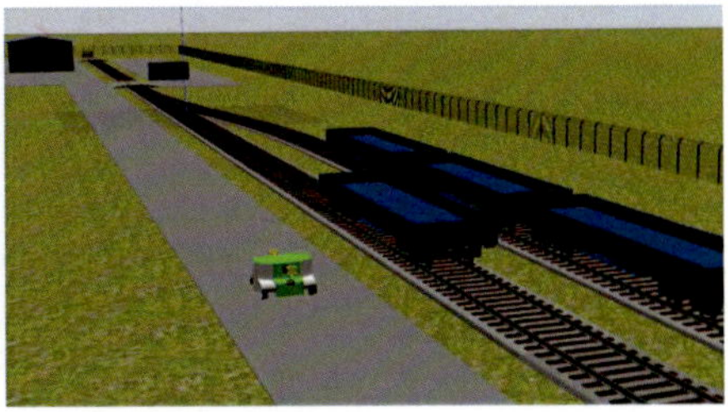

(d) Rückfahrt zur Basisstation über Straße

Abb. 6.7: Simulation Testszenario B.3: Statisches Hindernis auf dem Gleis

Ergebnis

Es wurden drei Durchläufe für das Szenario B.3 simuliert, alle wurden jeweils mit identischen Abläufen erfolgreich abgeschlossen.

7 Experimentelle Validierung von Teilfunktionen

Der zwecks Automatisierung nachgerüstete Bordcomputer bestand aus einem Einplatinencomputer Raspberry Pi 3 Modell B+ der Raspberry Pi Foundation, Cambridge, UK, auf einem SPS-Erweiterungsboard PiXtend V2 -L- der Kontron Electonics GmbH, Großbettlingen, siehe Abb. 7.1. Die USB- und Ethernet-Schnittstellen des Einplatinencomputers wurden mit dem Erweiterungsboard um weitere digitale und analoge Ein- und Ausgänge sowie die seriellen Schnittstellen RS-232, RS-485 und CAN ergänzt, wodurch die Anbindung verschiedener Sensoren möglich war. Der Bordcomputer und die Sensoren wurden vom Bordnetz mit Spannung versorgt. Über einen Nockenschalter konnte zwischen den Modi Automatik und manueller Betrieb gewechselt werden, wobei im letzteren Fall lediglich alle Leitungen der OEM-Fahrzeugsteuerung zum fahrzeugseitigen Empfänger der Funkfernbedienung durchgeschliffen wurden und der Bordcomputer stromlos blieb.

(a) Innenansicht des Bordcomputers

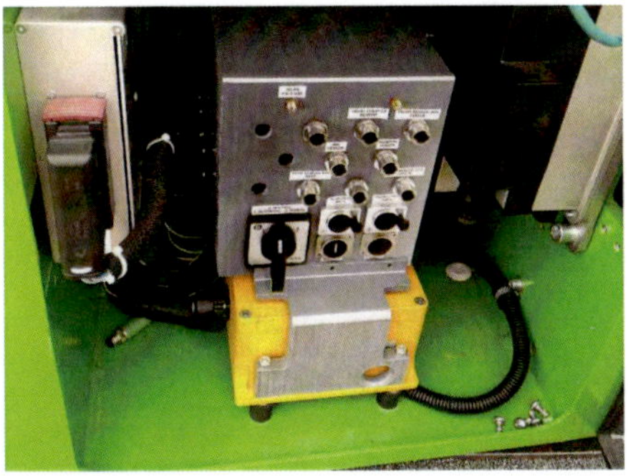

(b) Montierung des Bordcomputers im Maschinenschrank

Abb. 7.1: Der zwecks Automatisierung nachgerüstete Bordcomputer im ROTRAC E2

Im Automatik-Modus erfolgte die Kommunikation mit der OEM-Fahrzeugsteuerung über den CAN-Bus dahingehend, dass der Bordcomputer den Funkempfänger ersetzte und an seiner Stelle die Steuerbefehle emulierte. Der OEM-Fahrzeugsteuerung war demnach nicht bekannt, ob manueller oder automatischer Betrieb stattfand. Auf den Bordcomputer wurde von der Landseite (Laptop) aus per Secure Shell (SSH) über WLAN zugegriffen. Darüber hinaus wurde ein weiterer, einkanaliger Funk-Schalt-Empfänger des Typs HT1E der Firma H-TRONIC GmbH, Hirschau, vorgesehen, um auch im Automatik-Modus einen Schnell-Stopp fernauslösen zu können.

Die nachfolgend beschriebenen Versuchsreihen beinhalten verschiedene Entwicklungsstände des Bordcomputers und Setups von Sensoren, da nicht zuletzt unterschiedliche Teilfunktionen Gegenstand der jeweiligen Untersuchung waren. Die Hardwarespezifikation des Bordcomputers blieb jedoch grundsätzlich unverändert.

7.1 Versuchsreihe 1

Die ersten Feldversuche auf der Schiene wurden am Bahnhof Schlettau (Erzgebirge) auf einem etwa 230 m langen, ebenen Nebengleis bei klarem Wetter durchgeführt. Der Bordcomputer wurde über eine WLAN-Verbindung mit einem Laptop verbunden, welcher als Benutzerschnittstelle und – bis zu diesem Zeitpunkt noch – als landseitige Fahrzeugsteuerung fungierte. Zum Kuppeln und Rangieren wurde ein 20 m langer Drehgestellflachwagen des Typs Res im ungebremsten Zustand verwendet. [A3]

Für die Hinderniserkennung (in eine Fahrtrichtung) wurde ein Sicherheitslaserscanner des Typs outdoorScan3 Core I/O der Sick AG, Waldkirch, mit einem horizontalen Schutzfeld von 4 m Radius an der vorderen Gewichtsplatte montiert, Abb. 7.2. Der Signalausgang des Sensors wurde am Bordcomputer so angebunden, dass bei Detektion eines Objekts innerhalb des Schutzfeldes eine Vollbremsung ausgelöst wurde. Des Weiteren wurde für die nicht sicherheitsgerichtete Hinderniserkennung eine Netzwerkkamera des Typs M1125-E der Axis Communications AB, Lund, Schweden, auf dem Rangiergerät befestigt, welche über Ethernet mit dem Bordcomputer verbunden wurde.

Zur Ermittlung des Kuppelzustands wurde ein induktiver Näherungsschalter des Typs II5742 der ifm electronic GmbH, Essen, in das Kupplungsmaul zur Detektion des Zughakes verbaut, siehe Abb. 7.2. Der Sensorausgang wurde einem digitalen Eingang des Bordcomputers zugeführt, welcher das Vorliegen eines Spannungssignals als gekuppelten Zustand deutete.

Abb. 7.2: Hardware-Setup der ersten Versuchsreihe

7.1.1 Inkrementelles Rangieren mit Kuppelvorgang

Um die grundlegenden Teilfunktionen des autonomen Rangiergeräts experimentell zu validieren, sollte der Flachwagen im Rahmen eines Rangierauftrags gekuppelt, um 20 m nach vorne versetzt und wieder entkuppelt werden. In Abb. 7.3 ist der sequenzielle Ablauf des Rangierauftrags schematisch dargestellt.

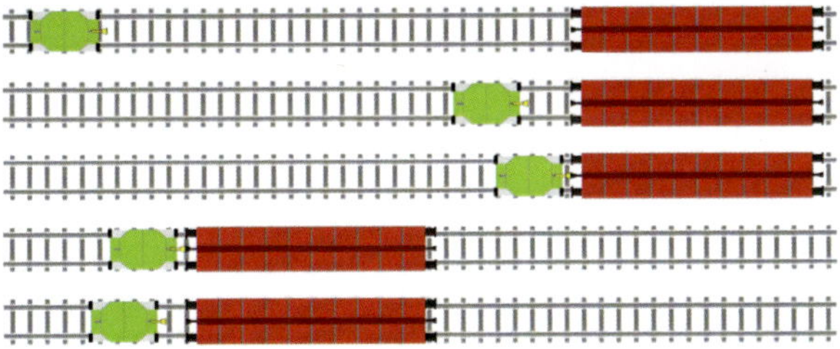

Abb. 7.3: Schematischer Ablauf des inkrementellen Rangierens mit Kuppelvorgang

Nachdem der Rangierauftrag auf der Benutzeroberfläche manuell eingegeben und bestätigt wurde, beschleunigte das Rangiergerät auf $0{,}2\,\frac{\mathrm{m}}{\mathrm{s}}$ und hielt ca. 6 m vor dem Wagen an. Da auf der dem Wagen zugewandten Seite des Rangiergeräts keine exterozeptiven Sensoren verbaut waren, erfolgte die Positionierung GNSS-gestützt mit entsprechender Ungenauigkeit. Danach fuhr das Rangiergerät mit einer Kuppelgeschwindigkeit von $0{,}1\,\frac{\mathrm{m}}{\mathrm{s}}$ auf den Wagen auf, bis die Kupplung einrastete, Abb. 7.4c. Anschließend fuhr es kurzzeitig in die entgegengesetzte Richtung und hielt wieder an (Anzugsprobe). Mit der auch nach dieser Anzugsprobe unveränderten Detektion des Zughakens im Kupplungsmaul wurde der ordentlich gekuppelte

Zustand bestätigt und der Kuppelvorgang abgeschlossen, woraufhin das Rangiergerät auf $0{,}5\,\frac{\mathrm{m}}{\mathrm{s}}$ beschleunigte. Am Ziel angekommen stoppte das Fahrzeug, der Wagen wurde entkuppelt und das Rangiergerät ging in etwa $1{,}5\,\mathrm{m}$ Abstand ins Standby, Abb. 7.4e. Damit war der Rangierauftrag erfolgreich abgeschlossen.

Abb. 7.4: Experimentelle Durchführung des inkrementellen Rangierens mit Kuppelvorgang

7.1.2 Hinderniserkennung im Schienenmodus

Im zweiten Szenario wurde die Hindernisdetektion im Schienenmodus getestet, Abb. 7.5. Das Hindernis bestand aus einem Schaumstoffwürfel mit $80\,\mathrm{cm}$ Kantenlänge, welcher ins Gleis gelegt wurde. Das Rangiergerät wurde lediglich beauftragt, mit $0{,}2\,\frac{\mathrm{m}}{\mathrm{s}}$ eine Strecke von ca. $20\,\mathrm{m}$ zurückzulegen.

Zunächst wurde das Hindernis im Fahrweg durch Auswertung der Kamerabilder detektiert, woraufhin laufend visuelle und akustische Warnsignale (Blinken der Scheinwerfer und Ertönen des Makrofons) vom Rangiergerät ausgegeben wurden, Abb. 7.6a. Sobald der Würfel im Schutzfeld des Laserscanners detektiert wurde, leitete das Rangiergerät eine Bremsung ein und kam etwa $3{,}5\,\mathrm{m}$ vor dem Hindernis zum Stehen, Abb. 7.6b. Als der Würfel manuell vom Gleis entfernt wurde, nahm das Rangiergerät die Fahrt wieder auf, Abb. 7.6c–d.

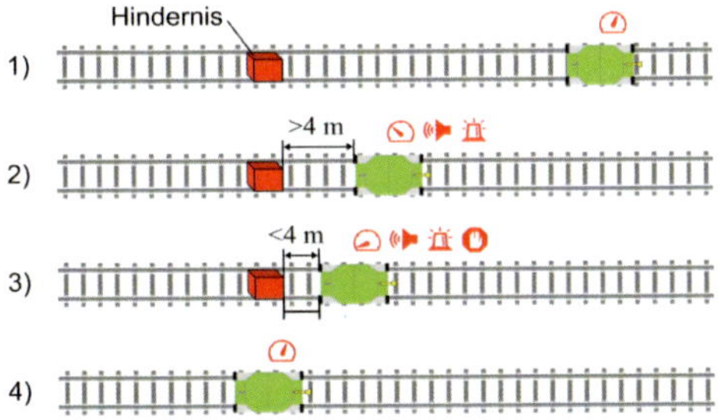

Abb. 7.5: Schematischer Ablauf bei Hinderniserkennung im Schienenmodus

Abb. 7.6: Experimentelle Durchführung der Hinderniserkennung im Schienenmodus

7.2 Versuchsreihe 2

Die zweite Versuchsreihe wurde am Institut für Schienenfahrzeuge auf dem geraden, ca. 30 m langen, bodenbündigen Rillengleisabschnitt vor dem Hallentor ebenfalls bei klarem Wetter durchgeführt. Es sei angemerkt, dass in diesem Gleisabschnitt mittig ein weiteres Rillengleis in Meterspur verläuft. Da die im Rahmen dieser Arbeit entwickelte Funktion des automatischen Eingleisen lediglich für Normalspur ausgelegt ist, wurden die inneren beiden Rillen für die nachfolgenden Versuche mit Basaltsplitt (1-3 mm Körnung) bodenbündig gefüllt, sodass sie von den Laserscannern nicht als solche detektiert werden.

Für exterozeptive Sensorik wurde jeweils auf der Vorder- und Rückseite des Rangiergeräts ein 2D-Lidar des Typs TiM571-2050101 der Sick AG verwendet, welcher über den Ethernet-Anschluss die Sensordaten an den Bordcomputer lieferte, Abb. 7.7. Der Sensor zeichnete sich durch einen Arbeitsbereich von 0,05-25 m, einen horizontalen Öffnungswinkel von 270° mit 0,33° Winkelauflösung und eine Scanfrequenz von 15 Hz aus. Er wurde über eine Halterung an der oberen Längskante der Gewichtsplatte montiert, sodass sein Strahlenursprung bei ca. $h = 0{,}65$ m über dem Boden lag und seine Scan-Ebene mit der Vertikalen einen Winkel von etwa $\gamma = 30°$ einschloss, vgl. Abb. 5.13.

Abb. 7.7: Hardware-Setup der zweiten Versuchsreihe

7.2.1 Ein- und Ausgleisen

Zunächst wurde der Algorithmus zur Rillendetektion auf verschiedenen Positionen nahe der Gleismitte, wie beispielsweise in Abb. 7.7 gezeigt, jeweils im Stillstand erprobt. Hierbei wurde eine systematische Abweichung der gemessenen Werte („Rohdaten" in Abb. 7.8) von den erwarteten Entfernungswerten zwischen Sensorursprung und Boden nach Gl. 5 („idealer Boden") beobachtet, weshalb keine zuverlässige Rillenerkennung möglich war. Dieser Fehler ist einerseits durch die nicht hinreichend genaue Kalibrierung der Sensorlage zu begründen (fehlerbehaftete Koordinatentransformation), andererseits durch den nicht vollständig horizontalen Boden (Abweichung vom Idealzustand), weshalb er in der Simulation mit Idealgeometrien nicht auftrat. Daher wurde anstelle der statischen Bodenkurve eine polynomische Regressionskurve aus den Messdaten für die Rillendetektion implementiert, womit die Zuverlässigkeit bei der Schätzung der Fahrzeugpose auf 99 % gesteigert werden konnte, siehe auch [A6].

Für die Eingleisversuche wurde das Rangiergerät per manueller Steuerung in den in Kap. 5.2.3 definierten Bereich der Startposition und -ausrichtung gebracht. Die Überprüfung dieser Startbedingungen erfolgte über die Direktanzeige der aktuellen y- und β-Werte. Anschließend wurde das Skript zum automatischen Eingleisen gestartet. Als erstes wurden die Reglerparameter iterativ und empirisch ermittelt. Dabei wurde die maximale Fahrstrecke in x-Richtung des Gleises auf 10 m limitiert, um das Verlassen des Versuchsbereichs bei instabilem oder langsamem Regelverhalten zu verhindern. Das Skript zum Eingleisen wurde so eingestellt, dass beim Erreichen dieser einstellbaren Grenze ein Richtungswechsel stattfindet, d.h. das Rangiergerät sich rückwärts der Gleismitte nähert. Nach dem Parametertuning wurde die maximale Fahrstrecke für die weiteren Versuche auf 1,5 m herabgesetzt.

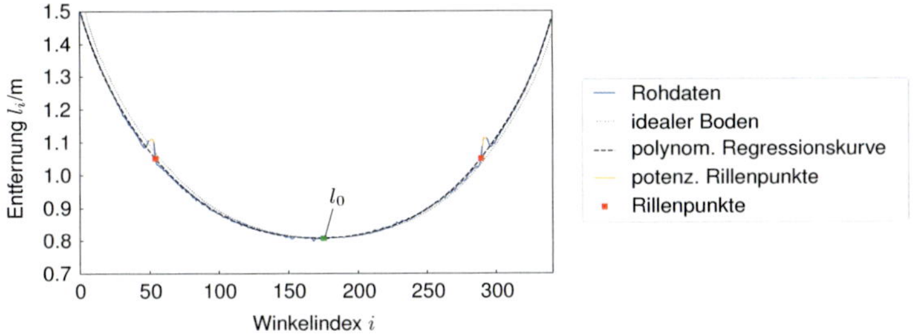

Abb. 7.8: l-i-Plot mit detektierten Rillenpunkten

In Abb. 7.9 sind beispielhaft die Abläufe eines Eingleisvorgangs als Bilderfolge dargestellt: Das in Fahrtrichtung gesehen rechts vom Gleis stehende Rangiergerät nähert sich der Gleismitte mit nahezu konstanter Linear- und Winkelgeschwindigkeit. Sobald die Abbruchbedingung (Gl. 13) erreicht wurde, hielt das Rangiergerät an, senkte die Schienenräder ab und war damit erfolgreich eingegleist.

Abb. 7.9: Experimenteller Eingleisvorgang

Ergänzend dazu zeigt Abb. 7.10 y- und β-Plots von drei ausgewählten Eingleisvorgängen. Im ersten Plot startete das Rangiergerät aus einer nahezu parallelen, etwa 18 cm von der Gleismitte entfernen Position. Zunächst lenkte es in Richtung Gleismitte ein, sodass der Gierwinkel β relativ zur Gleisachse anstieg, während der Querabstand y sank. Nach 6 s lenkte es wieder aus und stand bei ca. $13\,\mathrm{s}$ parallel und mittig zur Gleisachse. Der erste Plot stellt somit einen idealen Eingleisvorgang dar.

Im zweiten Plot (Abb. 7.10b) ist erkennbar, dass das Rangiergerät ein-, jedoch ein wenig zu früh bzw. zu stark wieder auslenkte, sodass bei $8\,\mathrm{s}$ es sich nahezu parallel zur Gleisachse ausgerichtet, aber $5\,\mathrm{cm}$ Offset zur Gleisachse hatte. Daraufhin lenkte es erneut ein und aus bis bei etwa $16\,\mathrm{s}$ die Abbruchbedingung erreicht wurde. Dieser Eingleisvorgang war nicht ideal, erfolgte jedoch zügig und ohne Richtungswechsel.

Gegenüber dem zweiten Plot stellt der dritte bis $t = 15\,\mathrm{s}$ qualitativ den gleichen Vorgang, nur entlang der Gleisachse gespiegelt dar. Mit $\beta = 0$ war es zwar parallel ausgerichtet, jedoch befand es sich weiterhin ca. $2{,}5\,\mathrm{cm}$ von der Gleismitte entfernt. Zudem wurde die Fahrstreckenlimitierung von $1{,}5\,\mathrm{m}$ erreicht, sodass es nach $3\,\mathrm{s}$ voreingestellter Wartezeit in die entgegengesetzte x-Richtung die Feinpositionierung fortsetzte. Die im zweiten und dritten Plot erkennbare, geringfügige Oszillation resultiert unter anderem aus der stark verzögerten Systemantwort, die durch weitere Regleroptimierung reduziert werden sollte.

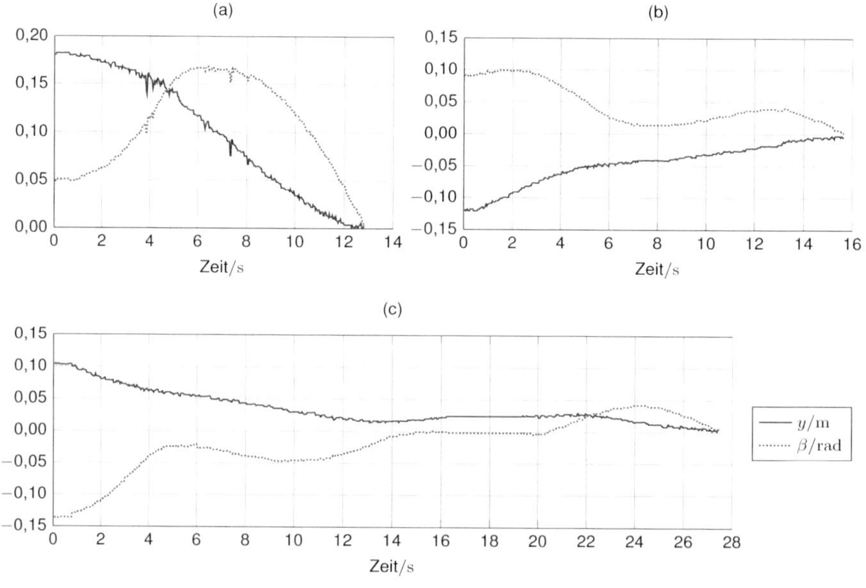

Abb. 7.10: y- und β-Plots über Zeit von experimentellen Eingleisvorgängen

8 Ergebnisdiskussion

Mit der im Rahmen der vorliegenden Arbeit durchgeführten Modellierung und Simulation des fahrerlosen Flachrangierens mit einem autonomen Zweiwegefahrzeug wurde das Potenzial zur technischen Umsetzung aufgezeigt. Am Beispiel eines fiktiven Rangierbetriebs wurden verschiedene Testszenarien definiert, in denen das Rangierfahrzeug den beauftragten Rangierbedarf selbstständig ausführen konnte. In der Gazebo-Simulation wurden alle Testszenarien erfolgreich bestanden, was die Wirksamkeit des vorgeschlagenen Rangierkonzepts unter den bei der Modellierung getroffenen Annahmen und definierten Randbedingungen belegt. Auch bei unerwarteten Hindernissen im Fahrweg war das Rangiergerät in der Lage, diese über eine Alternativroute zu umfahren und das Ziel zu erreichen. Nichtsdestotrotz ist zu beachten, dass die Simulation lediglich den Rangierbetrieb unter bestimmten Idealbedingungen repräsentiert und einzelne betriebliche Randbedingungen und Fahrzeugfunktionen vereinfacht wurden, die deshalb im Folgenden erörtert werden.

8.1 Grenzen der Modellierung und Simulation

Gazebo stützt sich – wie die meisten Roboter-Simulationstools – auf eine Physik-Engine mit impulsbasierter Dynamiksimulation, die in erster Linie eine echtzeitfähige, visuell plausible Animation bezweckt und in ihrer physikalischen Genauigkeit den klassischen Simulationstools für Mehrkörpersysteme nachsteht [170]. Darüber hinaus trägt die Vereinfachung der Gummiräder des Rangierfahrzeugs als Starrkörper mit lediglich höherem Reibungskoeffizienten zur weiteren Verfälschung der Kontaktmechanik zwischen Rad und Fahrbahn bei. Dies hat im Hinblick auf die Panzerlenkung insbesondere bei Kurvenfahrten auf der Straße eine signifikante Abweichung von der aus dem Fahrbefehl resultierenden Trajektorie zur Folge. In den experimentellen Versuchen zum automatischen Eingleisen wurde allerdings gezeigt, dass diese Modellierungsfehler aufgrund der niedrigen Fahrgeschwindigkeiten durch Parametertuning ausgeregelt werden können [A6].

In der Simulation wurde zudem keine Witterung berücksichtigt. Regen, Schnee und Nebel können einerseits durch Störung der externen Sensoren die Umfeldrepräsentation beeinträchtigen. Insbesondere bei einer Bedeckung von charakteristischen Geometrien durch Schnee ist eine Beeinträchtigung wichtiger Fahrzeugfunktionen vorstellbar (z.B. Gleisrillen beim Eingleisen, Kupplungserkennung beim Kuppelvorgang, Hinderniserkennung). Andererseits kann durch Witterung der Kraftschluss zwischen Rad und Schiene niedriger ausfallen, wodurch sich der Bremsweg erhöht. Diese Störfaktoren erfordern neben einer redundanten und robusten Funktionsauslegung auch eine witterungsbedingt defensive Fahrstrategie des Rangiergeräts.

Ein weiterer, nicht in der Simulation aufgegriffener Aspekt ist die Vegetation am freistehenden Gleis. Auf dem Schotterbett ist mittel- und langfristig mit Bewuchs durch verschiedene Pflanzenarten zu rechnen, vgl. [171], die vom Rangierfahrzeug als Hindernis interpretiert werden und den Rangierbetrieb beeinträchtigen können. Um diese Problematik zu umgehen, wäre entweder eine regelmäßige Vegetationskontrolle oder ein vollständig mit Deckschicht versehenes Werksgelände mit bodenbündigen Gleisen notwendig. Letzteres würde zudem eine grundsätzlich flexiblere Betriebsführung ermöglichen, da das Rangierfahrzeug überall ein- und ausgleisen könnte.

8.2 Betriebliche Aspekte

Aus bahn- und rangierbetrieblicher Sicht sind in den durchgeführten Simulationen vorrangig zwei kritische Aspekte zu benennen. Der erste betrifft den nicht zulässigen Schiebebetrieb. Im gekuppelten Zustand kann das Rangiergerät den Fahrweg nur in der dem Wagen abgewandten Richtung überwachen. Daher ist ausschließlich das Ziehen der Wagen zulässig. Aufgrund dieser Einschränkung muss sich das Rangierfahrzeug für einen Fahrtrichtungswechsel von der Wagengruppe zunächst trennen, diese umfahren und am anderen Ende erneut ansetzen. Hierfür ist wiederum entweder ein Parallelgleis oder eine Eingleisstelle bzw. ein bodenbündiger Gleisbereich zumindest an jedem Gleisende notwendig. Nicht nur das Umfahren stellt hinsichtlich der Prozesszeiten ein Optimierungspotenzial dar, sondern auch das infrastrukturelle Vorhalten der Eingleisstellen – sofern nicht aus anderen Gründen alle Gleise auf dem Werksgelände ohnehin bodenbündig ausgeführt sind.

Bei einer stationären Fahrbahnüberwachung für den Schiebebetrieb, vgl. [172], wird eine wesentliche Fahrzeugfunktion ausgelagert, womit die Autonomie des Rangierfahrzeugs nicht mehr gegeben ist, was jedoch nicht bedeutet, dass der Rangierbetrieb ebenfalls an Autonomie einbüßt. Die Verwendung eines mobilen Sensorsystems zur Fahrwegüberwachung, welches z.B. am letzten Wagenende einer Rangierabteilung temporär eingehängt wird, vgl. [124], birgt weitere technische Herausforderungen. Einerseits ist das mobile System entweder durch das Rangierfahrzeug selbst oder durch eine andere Vorrichtung sicher am Wagenende zu montieren und wieder zu entfernen, was durch das Fehlen eines unabhängig vom Wagentyp gleichen Bauraums sowie einer einheitlichen mechanischen Schnittstelle erschwert wird. Andererseits ist bei den gegenwärtigen Güterwagen kein Bordnetz zur Energieversorgung vorhanden, wodurch die Nutzungsdauer des mobilen Systems beschränkt wird.

Diese Abwägung der technischen Risiken bei der Fahrbahnüberwachung zeigt, dass trotz des umständlichen Richtungswechsels der in dieser Arbeit gewählte Ansatz gerechtfertigt ist. Sobald die durch das Umfahren verursachte Prozesszeit den Flaschenhals darstellt, wird für die nächste Ausbaustufe das kooperative Rangieren mit mindestens zwei autonomen Rangierfahrzeugen im Sandwich-Verbund empfohlen.

Der zweite kritisch zu betrachtende Aspekt bezieht sich auf das Abstellen ungebremster Wagen und das Sichern von Fahrzeugen gegen unbeabsichtigte Bewegung. Einige jüngere, länderspezifische Verordnungen über den Bau und Betrieb von Anschlussbahnen lassen dies unter weiteren Voraussetzungen zu (z.B. § 58 BOA Brandenburg und Sachsen-Anhalt, Fassung jeweils von 1997), andere aber fordern in jedem Fall ein Festlegen der stillstehenden Fahrzeuge durch Feststellbremse, Hemmschuhe oder Radvorleger[19] (§ 31 BOA Hamburg, Fassung von 1960). Laut § 25 BOA Nordrhein-Westfalen (Fassung von 1966) und § 25 BOA Baden-Württemberg (Fassung von 1971) gelten luftgebremste Fahrzeuge darüber hinaus als gesichert, sofern sie nur bis zu einer Dauer von 15 min abgestellt werden. Auch in den Fahrdienst-Vorschriften der Deutschen Bahn sowie der ehemaligen Deutschen Bundesbahn und Deutschen Reichsbahn gab es unabhängig von Herausgeber und Nebenbedingungen eine zeitliche Entwicklung der Zulässigkeit beim Abstellen. Die Festlegung von stillstehenden Wagen mit der Druckluftbremse war in der jeweiligen Fassung von:

- 1943, 1951, 1953 und 1954 ausdrücklich nicht erlaubt,
- 1960, 1967 und 1984 bis zu einer Dauer von 15 min zulässig,
- 1990 bis zu 30 min und
- 2003 bis zu 60 min zulässig.

Ein Verlegen von Hemmschuhen oder ein Betätigen der mechanischen Feststellbremse des Güterwagens mithilfe eines am Rangierfahrzeug montierten Roboterarms erweist sich aufgrund der verhältnismäßig großen Entfernung zum Verlegebereich hinter dem zweiten Radsatz bzw. zur Handkurbel und mangels Kenntnis über die erreichbare Prozesssicherheit als nicht zielführend. Daher wurde in der Simulation vereinfachend angenommen, dass die Wagen zeitweise ungebremst abgestellt werden dürfen und durch das horizontale Gelände wie auch die Schutzweiche vor dem Entlaufen geschützt sind. Alternativ ist denkbar, die ungebremsten Wagen stets gemeinsam mit dem (mechanisch) gekuppelten Rangierfahrzeug, welches im Stillstand sicher gebremst ist, abzustellen, wie auch in der Simulation für die Aufenthaltsdauer an der Ladestelle angenommen. Dies würde allerdings eine dauerhafte Belegung mindestens eines Rangierfahrzeugs je Rangierabteilung bedeuten und die maximale Abstelldauer würde durch Batteriekapazität, Energieverbrauch im Standby und den für die Rückkehr zur Basisstation ausreichenden Ladezustand limitiert werden. Bei der Simulation wurde eine ständige Bereitschaft des Rangierfahrzeugs angenommen, da

[19] Radvorleger dienen ausschließlich der Sicherung stehender Wagen gegen unbeabsichtigtes Entlaufen, während Hemmschuhe auch zum Abbremsen von Wagen verwendet werden.

aufgrund des geringen Güterdurchsatzes hinreichend oft Gelegenheiten zu erwarten sind, um zur Basisstation zurückkehren und die Batterie aufladen zu können. Wenn aufgrund andauernder Wagenabstellung im gekuppelten Zustand oder des erhöhten Rangieraufkommens längere Standby- bzw. Betriebszeiten außerhalb der Basisstation erforderlich werden, sind Batterieladezustand und voraussichtliche Folgeaufträge bei der strategischen Planung zu berücksichtigen. Gegebenenfalls ist ein weiteres Rangierfahrzeug zum Auswechseln nötig, auch für den Fall, dass das kurzzeitige Abstellen der ungebremsten Wagen während des Umfahrens für den Richtungswechsel nicht vertretbar sein sollte.

Aus diesen und den oben genannten rechtlichen Gründen werden voraussichtlich weitere Maßnahmen zur Sicherung von stillstehenden Wagen für die allgemeine Anwendbarkeit des autonomen Rangierens notwendig sein. Eine Maßnahme wäre die Isolierung des Gleisbereichs einschließlich der Eingleisstellen vom Werkspersonal sowie von sonstigem Werksverkehr durch eine weitere Umzäunung. Wenn hierdurch selbst bei unbeabsichtigter, geringer Wagenbewegung Schäden ausgeschlossen werden, könnte die Notwendigkeit des Festlegens der abgestellten Wagen entfallen. Andernfalls ist die Druckluftbremse der Wagen zu nutzen, wofür jedoch alle Fahrzeuge über eine automatische Kupplung mit Druckluftübertragung wie z.B. die DAK Typ 4 (vgl. Kap. 2.4.1) verfügen müssten, wie auch das Rangierfahrzeug über eine Luftversorgungsanlage.

Weitere rangiertechnische Arbeiten wie die Bremsprobe oder die Verriegelung loser Fahrzeugeinrichtungen vor dem Verlassen des Gleisanschlusses liegen außerhalb der Systemgrenze und sind vom Lrf des zustellenden bzw. abholenden Üg zu verrichten. Auch die Bedienung der Ladungseinrichtungen des an der Ladestelle stehenden Güterwagens hat durch das Verladepersonal des Werks zu erfolgen.

8.3 Fahrzeugtechnische Aspekte

Der Erfolg grundlegender Fahrzeugfunktionen im Anwendungsfall des autonomen Rangierens – Hinderniserkennung im Fahrbetrieb auf der Schiene, Detektion des im Kupplungsmaul eingerasteten Kupplungshakens, Ein- und Ausgleisen – wurde experimentell nachgewiesen, siehe Kap. 7. Hingegen sind Routenplanung, Navigation und Weichensteuerung mangels geeigneter Infrastruktur bisher nur in der Simulation erprobt worden. Auch die Hinderniserkennung zwischen Rangierfahrzeug und Wagen war während der Kuppelprozedur deaktiviert, da zum Zeitpunkt der ersten Versuchsreihe eine Unterscheidung zwischen Hindernis und kuppelbereitem Wagen nicht gegeben war. Wie in Kap. 5.2.2 beschrieben, wurde für die vorliegende Arbeit eine Güterwagenerkennung der Wagenstirnseite zu Beginn der Kuppelprozedur mittels Laserscan implementiert. Erst nach dieser Überprüfung fährt das Rangierfahrzeug mit Kuppelgeschwindigkeit auf den Güterwagen zu, bis die automatische Kupplung einrastet.

Während dieser Phase ist das 2D-Lidar auf die Höhe des Zughakens und der Seitenpuffer ausgerichtet, sodass die Hinderniserkennung auf diese Ebene beschränkt wird. Daher sollten zur Erkennung von Hindernissen auf Schienenhöhe, die nach Initiierung der Kuppelprozedur auftauchen könnten, weitere Sensoren vorgesehen werden. In Anbetracht der niedrigen Kuppelgeschwindigkeit erscheint ein taktiler Bumper in solchen Situation als sichere Hinderniserkennung geeignet, vgl. [65].

Die V2X-Kommunikation betreffend wurde in der Simulation eine dauerhaft einwandfreie Konnektivität angenommen, zumal die gesamte IPC auch bei fahrzeugübergreifender Kommunikation auf einem Computer stattfand. Bei der technischen Umsetzung jedoch ist neben dem Fahrzeug jeder einzelne Kommunikationsteilnehmer (Benutzerschnittstelle, Weiche) als eine Entität im Netzwerk des Rangierbetriebs zu betrachten. Es ist daher auch auf eine vollständige, schattenfreie Abdeckung des Werkgeländes mit Funknetz zu achten und mögliche Störsender sind zu eliminieren. Als Funktechnologie wird ein drahtloses lokales Netzwerk der IEEE-802.11-Standards (WLAN) sowie als V2X-Übertragungsprotokoll das MQTT[20] vorgeschlagen.

Für die Navigation wurde die digitale Karte des betrachteten Rangierbetriebs sowie eine stets hinreichend genaue Fahrzeugortung vorausgesetzt. In der Realität wird das Rangierfahrzeug eine neue Rangierumgebung initial erkunden und kartieren müssen. Aufgrund des beschränkten Areals, in dem auch dauerhaft statische Objekte zu erwarten sind, bietet sich hierfür, aber auch für die genaue Fahrzeugortung im Betrieb, das SLAM-Verfahren (Simulatenous Localization and Mapping) unter Berücksichtigung weiterer Sensortypen (Radimpulsgeber, IMU, GNSS) an. Die relevanten POI (Eingleisstelle, Basisstation etc.) müssen manuell zugeordnet werden. Die entsprechend generierte digitale Karte kann dann ggf. an weitere Rangierfahrzeuge des gleichen Betriebs übertragen werden. Um eine Entgleisung zu verhindern, muss darüber hinaus sichergestellt werden, dass eine Weichenumstellung beim Überfahren der Weiche ausgeschlossen ist. In der Simulation wurde daher die Weichenstellanforderung nach der Routenplanung und stets vor Beginn einer Fahrt im Stillstand gestellt. Zudem gilt im Weichenbereich, welcher auf der digitalen Karte durch drei Koordinaten umgrenzt wird, ein Abstellverbot. In der Praxis kann das Freisein von Schienenfahrzeugen im Weichenbereich z.B. durch Achszähler vor und hinter der Weiche sichergestellt werden.

An dieser Stelle ist jedoch anzumerken, dass nicht die einzelnen Funktionen des Rangierfahrzeugs im Fokus der Arbeit stehen, sondern die Funktionstüchtigkeit des Gesamtsystems als Summe aller Subfunktionen, ungeachtet deren teils vereinfachter oder idealisierter Darstellung. Fortgeschrittene Hinderniserkennung mit Objektklassifizierung/-tracking und

[20] Message Queuing Telemetry Transport (MQTT) ist ein offenes, leichtgewichtiges und nach dem Publish/Subscribe-Modell konzipiertes Netzwerkprotokoll. Es wurde speziell für die Kommunikation von ressourcenschwachen Geräten in Netzwerken mit geringer Zuverlässigkeit und Bandbreite entwickelt.

kontextbezogene Bewertung des Gefahrenpotenzials (vgl. Plastiktüten-Problem), fallen nicht unter die oben umrissene Definition des Untersuchungsziels. Natürlich ist es anzustreben, einzelne Subfunktionen zu optimieren und diese in Abläufe autonomen Rangierens zu integrieren, was eine Verbesserungs des Gesamtsystems mit sich bringen würde. Doch muss, um den Betrieb autonomer Rangierfahrzeuge überhaupt einzuleiten, das Funktionieren der gesamten Struktur im Vordergrund stehen.

8.4 Wirtschaftliche Betrachtung

Mit den in Tab. 8.1 angegebenen Schätzwerten werden nachfolgend die Betriebskosten für verschiedene Rangiertechniken überschlagen, die für den simulierten Rangierbetrieb anfallen würden.

Die Kosten für die EOW-Aufrüstung werden lediglich beim fahrerlosen Rangieren berücksichtigt. Im Aufpreis für die Automatisierung des Rangiergeräts sind unter anderem die Mehrkosten für die zusätzliche Sensorik, Entwicklungsumlage und das einmalige Anlernen einer neuen Rangierumgebung enthalten. Sonstige Kosten, die durch den Rangierbetrieb anfallen, sind bei allen Rangiertechniken gleich und werden im kalkulatorischen Vergleich daher nicht berücksichtigt.

Geht man davon aus, dass das Auslastungsrisiko und die Abschreibung der Anschaffungskosten für die Rangiermittel und ggf. die EOW-Aufrüstung intern zu tragen sind, d.h. die jährlichen Kosten für Instandhaltung, Personal und Abschreibung werden im vollen Umfang als Fixkosten angesetzt, betragen die jährlichen Betriebskosten:

- 162.340 € für das manuelle Rangieren mit einer Diesel-Rangierlokomotive und einem Lrf,
- 90.176 € für das manuelle Rangieren mit einem Zweiwege-Rangiergerät und einem Lrf sowie
- 38.509 € für das fahrerlose Rangieren mit einem autonomen Zweiwege-Rangiergerät.

Obwohl die Abschreibung der grundlegenden Gleisinfrastruktur in diesen Zahlen noch nicht enthalten ist, zeigt sich, dass im Rangierbetrieb bereits die Fixkosten für die Ressourcen Triebfahrzeug und Personal stark ins Gewicht fallen (vgl. Kap. 2.1.2). Da der Rangierbetrieb mit eigenem Rangiermittel und -personal eine nachvollziehbar hohe Kostenhürde darstellt, erscheint es zunächst wirtschaftlicher, optional den Rangierbedarf extern als Dienstleistung zu beziehen. Unter der Annahme, dass nur für die Einsatzstunden die Kosten für Personal, Abschreibung und Instandhaltung umgelegt und keine weiteren Aufwände für Disposition und Anfahrt berechnet werden, ergibt sich ein Betrag von:

- 50.167 € für das extern eingekaufte, manuelle Rangieren mit einer Diesel-Rangierlokomotive und einem Lrf,

welcher beim EVU anfallen wird. Durch Zukauf der manuellen Rangierbewegungen als externe Dienstleistung ist damit zwar eine Kosteneinsparung von bis zu 69 % möglich. Jedoch ist dies immer noch 30 % teurer als das Rangieren mit einem autonomen Rangiergerät und die Abhängigkeit vom EVU bleibt weiterhin bestehen.

Tab. 8.1: Annahmen für eine Wirtschaftlichkeitsbetrachtung

Zweiwege-Rangiergerät		
Anschaffungskosten Fahrzeug	150.000,00	€
Abschreibungsdauer Fahrzeug	10	a
Instandhaltungskosten	15.000,00	€/a
mittlerer Energieverbrauch je Schicht (8 h)	30	kWh
Stromkosten	0,30	€ h/kW
spezifische Energiekosten	1,13	€/h
Aufpreis für Automatisierung	120.000,00	€
Diesel-Rangierlokomotive		
Anschaffungskosten Fahrzeug	1.500.000,00	€
Abschreibungsdauer Fahrzeug	30	a
Instandhaltungskosten	50.000,00	€/a
mittlerer Kraftstoffbedarf je Schicht (8 h)	120	L
Kraftstoffkosten	1,00	€/L
spezifische Energiekosten	15,00	€/h
Infrastruktur		
Anschaffungskosten EOW-Aufrüstung inkl. Gleisfreimeldeeinrichtung	20.000,00	€/Stk.
Abschreibungsdauer Infrastrukturaufrüstung	30	a
Personalaufwand		
max. Arbeitstage	230	d/a
max. Schichtdauer	8	h/d
Lohnkosten	60.000,00	€/a
Betriebszeiten		
Betriebsstunden	1	h/d
Einsatztage	156	d/a

Beim automatisierten Rangieren, dessen Betriebskonzept im Verbundprojekt „AuRa“ verfolgt wurde, wird das Rangiergerät auf der Anschlussbahn von einem externen EVU betrieben, wobei eine Person in der Leitzentrale fernsteuert, -überwacht und auch bestimmte Aufgaben wie die Hinderniserkennung beim Kuppelvorgang über eine sichere Videobildübertragung übernimmt [A2, A3]. In diesem Fall wären die EOW notwendig und das Auslastungsrisiko des Rangiergeräts müsste vom Kunden getragen werden, während der Personalaufwand durch das EVU nur bei Bedarf anfallen sollte. Hieraus resultiert ein Betrag von:

- 43.596 € für das extern eingekaufte, automatisierte Rangieren mit einem von der Betriebszentrale ferngesteuerten Rangiergerät.

Demnach wäre das autonome Rangieren mind. 12 % günstiger als das automatisierte Rangieren und damit die wirtschaftlichste Variante der betrachteten Rangiertechniken ungeachtet der Schätzfehler und der noch zu lösenden technischen Herausforderungen, die im vorigen Abschnitt diskutiert wurden.

9 Zusammenfassung und Ausblick

Im Zeitalter der Digitalisierung und Automatisierung gewinnen roboterähnliche Schienenfahrzeuge zunehmend an Bedeutung. Gegenüber dem im Bahnwesen üblichen vollautomatischen Betrieb wird hier auf Dezentralisierung und Autonomie bei der Entscheidungsfindung auf der Fahrzeugebene gesetzt. Das Fahrzeug führt in diesem Fall die ihm zugetragenen Aufgaben selbstständig aus, ohne auf externe Beeinflussung, z.B. durch eine Leitzentrale, angewiesen zu sein und stützt sich währenddessen auf Informationen, die es mittels On-Board-Sensoren erfasst und interpretiert. Aus Sicht des SGV stellt dieser Ansatz eine vielversprechende Alternative für das bedarfsgerechte Rangieren auf Anschlussbahnen mit geringem und unregelmäßigem Güterdurchsatz dar.

In der vorliegenden Arbeit wurde daher nach Gegenüberstellung der in der Literatur bekannten Rangiertechniken das technische und wirtschaftliche Potenzial des bedarfsgerechten Rangierens mit einem autonomen Zweiwege-Rangierfahrzeug postuliert. Zur Überprüfung der These wurde das Rangierfahrzeug konzipiert und softwaretechnisch auf dem Robot Operating System entwickelt. Parallel wurde eine Simulationsumgebung in Gazebo zur Validierung der Fahrzeugfunktionen aufgebaut. Das Rangierfahrzeug wurde in verschiedenen Szenarien des Rangierbetriebs einer kleinen Anschlussbahn den virtuellen Funktionstests unterzogen.

Das Rangierfahrzeug war imstande, die über eine Benutzerschnittstelle in abstrakter Form vermittelten Rangieraufträge erfolgreich durchzuführen. Die technische Machbarkeit konnte damit auf virtueller Ebene nachgewiesen werden. Experimentell wurden mangels geeigneter Infrastruktur lediglich die Teilfunktionen inkrementelles Rangieren mit Kuppelvorgang, Hinderniserkennung im Schienenmodus, sowie Ein- und Ausgleisen nachgewiesen. Sowohl für die Simulation als auch für den autonomen Rangierbetrieb allgemein wurden vereinfachende Annahmen getroffen und sicherheitsrelevante Randbedingungen definiert, die im Anschluss kritisch diskutiert wurden. Dies betrifft insbesondere das Abstellen ungebremster Wagen und die sichere Hinderniserkennung zwischen Rangierfahrzeug und Wagen während des Kuppelvorgangs. Ein vereinfachter Kostenvergleich bestätigte ebenfalls das wirtschaftliche Potenzial des bedarfsgerechten Rangierens mit dem autonomen Rangierfahrzeug gegenüber dem automatisierten Rangieren wie auch dem manuellen Rangieren mit einem Zweiwege-Rangiergerät oder einer Rangierlokomotive.

Abschließend ist zu empfehlen, auf Grundlage des im Rahmen der vorliegenden Arbeit entwickelten Rangierfahrzeugs und der Simulationsumgebung weitere Rangierszenarien und Betriebsarten zu untersuchen. Denkbar ist ein Ansatz des kooperativen Rangierens, in welchem das Rangiergerät entweder zusammen mit Rangierpersonal oder mit einem weiteren Rangiergerät die Herausforderungen, denen es im alleinigen Betrieb begegnen würde (z.B. Schiebebetrieb), zu überkommen versucht. Mit dem Rangieren im Sandwichbetrieb – die Rangierabteilung ist zwischen zwei synchronisierten Rangierfahrzeugen eingespannt – kann einerseits der Richtungswechsel vereinfacht, andererseits die Traktion z.B. bei sehr schweren Wagen (Torpedopfannenwagen) oder lokal unterschiedlichen Reibungsverhältnissen (Außenreinigungsanlage für Triebzüge) verbessert werden, vgl. Abb. 9.1. Im Hinblick auf die nächste Generation des Metabetriebssystems ROS 2, mit dem Aspekte wie harte Echtzeitanforderungen und Zertifizierbarkeit für sicherheitskritische Anwendungen adressiert werden, ist zudem eine industrienahe Softwareentwicklung denkbar.

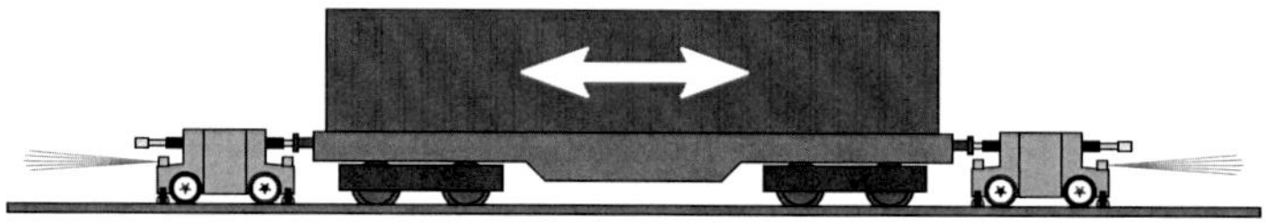

Abb. 9.1: Beispiel für kooperatives Rangieren – zweirichtungsfähiger Sandwichbetrieb

Bei den heutigen Kostenstrukturen wird der SGV in Europa aus systemimmanenten Gründen nicht das gleiche Maß an Netzbildung und Flexibilität erreichen können wie der Straßengüterverkehr. Jedoch hilft eine wirtschaftliche, bedarfsgerechte Rangiertechnik, wie in dieser Arbeit vorgeschlagen, die Diskrepanz zwischen dem Transportverfahren des SGV und dem aus Güterstruktur- und Logistikeffekt resultierenden Transportbedarf zu reduzieren und so einen Beitrag zur nachhaltigen Verkehrsverlagerung zu leisten.

Literaturverzeichnis

[1] Kluth, T.; Rudolf, A.; Nebauer, G.; Kotzagiorgis, S.; Bräuninger, M.; Makait, M.: *Verkehrsprognose 2040 – Band 6.1 E: Verkehrsentwicklungsprognose Prognosefall 1 „Basisprognose 2024" (Ergebnisse).* Studie im Auftrag des BMDV, Forschungskennzeichen VB970423, 2024. URL: https://www.bmv.de/SharedDocs/DE/Anlage/G/BVWP/verkehrsprognose-2040-band-6-1-e-verkehrsentwicklungsprognose-prognosefall-1-basisprognose-2040-ergebnisse.pdf (abgerufen am 29.06.2025).

[2] Verband Deutscher Verkehrsunternehmen e.V. (Hrsg.): *Auf der Agenda: Reaktivierung von Eisenbahnstrecken.* VDV-Broschüre, 4. Auflage, 2024. URL: https://www.vdv.de/reaktivierung-von-eisenbahnstrecken-2024-i.pdfx (abgerufen am 12.12.2024).

[3] Bundesministerium für Verkehr und digitale Infrastruktur (Hrsg.): *Masterplan Schienengüterverkehr.* BMVI-Broschüre vom 02.08.2017. URL: https://www.bmvi.de/SharedDocs/DE/Publikationen/E/masterplan-schienengueterverkehr.pdf (abgerufen am 06.10.2020).

[4] CDU, CSU & SPD: *Ein neuer Aufbruch für Europa – Eine neue Dynamik für Deutschland – Ein neuer Zusammenhalt für unser Land.* Koalitionsvertrag der 19. Legislaturperiode des Deutschen Bundestages, Berlin, 2018. URL: https://www.bundesregierung.de/breg-de/themen/koalitionsvertrag-zwischen-cdu-csu-und-spd-195906 (abgerufen am 06.10.2020).

[5] Vogt, A.: *Renaissance des Einzelwagenverkehrs nach Liberalisierung des Schienengüterverkehrs in Deutschland?* Studien zur Mobilitäts- und Verkehrsforschung, Band 24, Freiburg im Breisgau: MetaGIS Fachbuch, 2011.

[6] Müller, G., Zauner, M.: *Einzelwagenverkehr als Kernelement eisenbahnbezogener Güterverkehrskonzepte?* WIK-Diskussionsbeitrag, Nr. 375, Bad Honnef: Wissenschaftliches Institut für Infrastruktur und Kommunikationsdienste, 2013.

[7] Röhling, W.; Burg, R; Bernecker, T.; Boysen, J.: *Status quo des Güterverkehrssystems in Deutschland – eine Metastudie unter besonderer Betrachtung der Vernetzung des Verkehrs.* BMVI-Forschungsbericht FE-Nr. 97.337/14, 2016. URL: https://www.bmvi.de/SharedDocs/DE/Anlage/G/metastudie-status-quo.pdf (abgerufen am 06.10.2020).

[8] Hiller, W.: *Rangierbahnhöfe.* 1. Auflage, Berlin: Transpress VEB Verlag für Verkehrswesen, 1983.

[9] Heppe, A.; Weigand, W.: *Spurplangestaltung und betriebliche Infrastrukturplanung.* In: Fendrich, L.; Fengler, W. (Hrsg.): *Handbuch Eisenbahninfrastruktur.* 3. Auflage, Berlin: Springer Vieweg, 2019.

[10] Verband Deutscher Verkehrsunternehmen e.V. (Hrsg.): *Gleisanschluss-Charta 2024 – Gleisanschlüsse bringen Güter auf die Schiene.* VDV-Charta, 2024. URL: https://www.vdv.de/gleisanschluss-charta-2024-langfassung.pdfx (abgerufen am 01.03.2025).

[11] Berndt, T.: *Eisenbahgüterverkehr.* 1. Auflage, Stuttgart/Leipzig/Wiesbaden: B. G. Teubner Verlag, 2001.

[12] o. A.: *Neues Güterverkehrskonzept der Deutschen Bahn.* Deutsche Verkehrszeitung 143, Hamburg: DVV Media Group, 30.11.2000.

[13] Eßer, F.; Schindler, C.: *Assisted, Automated and Autonomous Driving (Triple A) for Railway Traffic.* XVII International Scientific-Expert Conference on Railways (RAILCON '16), Niš, Serbien, 13.–14. Oktober 2016.

[14] Homeyer, D.: *Richtlinie 408.* Fahrdienstvorschrift, Frankfurt am Main: DB Netz AG, 2015.

[15] Schindler, C.: *Schienenverkehrstechnik 4.0.* In: Frenz, W. (Hrsg.): *Handbuch Industrie 4.0: Recht, Technik, Gesellschaft.* 1. Auflage, Berlin: Springer-Verlag, 2020, 719–757. DOI: 10.1007/978-3-662-58474-3

[16] Verwaltungs-Berufsgenossenschaft (Hrsg.): *Rangieren bei Eisenbahnen.* Berufsgenossenschaftliche Informationen (BGI) 529, 2013. URL: https://cdn.vbg.de/media/5e4d86e22ca24b01be4cfe7c27afad8b/dld:attachment/Rangieren_bei_Eisenbahnen_BGI_529_VBG_Fachinformation.pdf (abgerufen am 22.12.2022).

[17] Claussen, T.: *Zur Diskussion des „Verkehrsleistungs"-Begriffs.* Zeitschrift für Verkehrswissenschaft 50(4), 1979, 245–257.

[18] Ihde, G.: *Transport, Verkehr, Logistik.* 3. Auflage, München: Verlag Vahlen, 2001.

[19] Becker, K. (Hrsg.): *Handbuch Schienengüterverkehr.* 1. Auflage, Hamburg: DVV Media Group, 2014.

[20] Aberle, G.: *Transportwirtschaft.* 5. Auflage, München: Oldenbourg Wissenschaftsverlag, 2009.

[21] Bundesministerium für Verkehr (Hrsg.): *Verkehr in Zahlen 1991.* 20. Jhg., 1991.

[22] Bundesministerium für Verkehr, Bau- und Stadtentwicklung (Hrsg.): *Verkehr in Zahlen 2006/2007.* 35. Jhg., Hamburg: Deutscher Verkehrs-Verlag, 2006.

[23] Bundesministerium für Digitales und Verkehr (Hrsg.): *Verkehr in Zahlen 2023/2024.* 52. Jhg., Flensburg: Kraftfahrt-Bundesamt, 2024.

[24] Deutsches Institut für Normung e.V. (Hrsg.): *DIN 30781-1:1989-05, Transportkette, Teil 1: Grundbegriffe.* Berlin: Beuth-Verlag, 1989.

[25] Nikutta, S.; Pahl, M.: *Das Produktionssystem im Schienengüterverkehr.* Deine Bahn 2009(2), 6–13.

[26] Fricke, E.; Penner, H.: *Der Takt der Zukunft – Das neue Produktionssystem 200X im Einzelwagenverkehr von Railion.* Eisenbahntechnische Rundschau 55(12), 2006, 844–846.

[27] Juchelka, R.: *Schienengüterverkehr – unausgeschöpfte Potenziale.* In: Institut für Länderkunde (Hrsg.): *Nationalatlas Bundesrepublik Deutschland – Band 9: Verkehr und Kommunikation.* München: Spektrum Akademischer Verlag, 2001.

[28] Schäfer, J.: *Container-Linienzüge – Die Wachstumschance für den Schienengüterverkehr.* 2. Auflage, 2008. URL: http://www.containerzuege.de/PDF-Konzept/CLZ-komplett-72dpi.pdf (abgerufen am 22.12.2022).

[29] Segerer, A.: *Der kombinierte Verkehr – Begriffe und wirtschaftlicher Sinn.* Rationeller Transport 16(3), 1967, S. 98.

[30] Verband Deutscher Verkehrsunternehmen e.V. (Hrsg.): *Handbuch Schienengüterverkehr.* 1. Auflage, VDV-Handbuch, Hamburg: DVV Media Group, 2008.

[31] Siegmann, J.; Stuhr, H.: *Hat der Einzelwagenverkehr (EV) in Europa noch eine Chance?* Eisenbahntechnische Rundschau 61(3), 2012, 10–18.

[32] Deutscher Bundestag (Hrsg.): *Entwicklung der Einzelwagenverkehre der Bahn.* Drucksache 19/26093, 22.01.2021.

[33] Deutscher Bundestag (Hrsg.): *Entwicklungen bei der DB Cargo AG.* Drucksache 19/18910, 04.05.2020.

[34] Frindik, R.: *Kombinierter Verkehr.* In: Arnold, D.; Isermann, H.; Kuhn, A.; Tempelmeier, H.; Furmans, K. (Hrsg.): *Handbuch Logistik.* 3. Auflage, Berlin/Heidelberg: Springer-Verlag, 2008. DOI: 10.1007/978-3-540-72929-7

[35] Ammoser, H.; Hoppe, M.: *Glossar Verkehrswesen und Verkehrswissenschaften.* Diskussionsbeiträge aus dem Institut für Wirtschaft und Verkehr, Nr. 2, Technische Universität Dresden, 2006.

[36] United Nations Economic Commission for Europe (Hrsg.): *Terminologie des kombinierten Verkehrs.* 2001. URL: https://unece.org/DAM/trans/wp24/documents/term.pdf (abgerufen am 22.12.2022).

[37] Seidenfus, H.: *Die volkswirtschaftliche Bedeutung des kombinierten Verkehrs.* In: *Gesamtkonzeption des kombinierten Verkehrs.* DVWG-Schriftenreihe D(60/61), Berlin: Deutsche Verkehrswissenschaftliche Gesellschaft, 1974.

[38] Janicki, J.: *Systemwissen Eisenbahn.* 1. Auflage, Berlin: Bahn Fachverlag, 2011.

[39] Ewers, H.-J.: *Systemorientierte Integration von Transportabläufen im Güterverkehr.* In: Seidenfus, H. (Hrsg.): *Systemorientierte Verkehrspolitik.* Beiträge aus dem Institut für Verkehrswissenschaft an der Universität Münster, Band 72, Göttingen: Vandenhoeck & Ruprecht Verlag, 1973, 33–57.

[40] Ewers, H.-J.; Fonger, M.: *Gesamtwirtschaftliche Effizienz multimodaler Transportketten.* Forschungsbericht im Auftrag des Deutschen Verkehrsforums und der Kombiverkehr KG, Bonn: Deutsches Verkehrsforum, 1993.

[41] Schönefeld, H.: *Produktionsmethode Knotenpunktsystem.* Eisenbahntechnische Rundschau 32(5), 1983, 313–325.

[42] Grimberg, R.; Hein, F.: *Rangieren – eine Gemeinschaftsaufgabe.* 2. Auflage, DB-Fachbuch, Band 4/20, Heidelberg/Mainz: Eisenbahn-Fachverlag, 1989.

[43] Homeyer, D., Kellmeyer, H.; Köhler, B.; Krautkrämer, N.: *Rangieren im Bahnbetrieb.* 1. Auflage, DB-Fachbuch, Heidelberg/Mainz: Eisenbahn-Fachverlag, 2000.

[44] Alles, H.; Krey, U.; Leenen, M.; Müller, A.: *Marktstudie Schienengüterverkehr.* Studie im Auftrag des Ministeriums für Wirtschaft und Mittelstand, Energie und Verkehr des Landes Nordrhein-Westfalen, 1999.

[45] Reh, F.: *Gleisanschlüsse im Schienenverkehr – Ökonomische Analyse von Gleisanschlussverkehren und Beurteilung alternativer Fördermaßnahmen.* 1. Auflage, Köln: Kölner Wissenschaftsverlag, 2004.

[46] Krampe, H. (Hrsg.): *Anschlussbahnen.* 2. Auflage, Berlin: Transpress VEB Verlag für Verkehrswesen, 1978.

[47] Deutsche Bahn AG (Hrsg.): *Daten und Fakten 1994/95.* Berlin/Frankfurt am Main, 1995.

[48] Deutsche Bahn AG (Hrsg.): *Daten und Fakten 2024.* Berlin, 2025.

[49] Menius, R.; Matthews, V.: *Bahnbau und Bahninfrastruktur.* 9. Auflage, Wiesbaden: Springer Vieweg, 2017. DOI: 10.1007/978-3-658-17177-3

[50] Feihl, J.: *Die Diesellokomotive: Aufbau - Technik - Auslegung.* 1. Auflage, Stuttgart: Transpress Verlag, 2009.

[51] Kocholl, T.: *Einsatzmöglichkeiten von Zweikraftlokomotiven im Schienengüterverkehr.* Eisenbahntechnische Rundschau 65(5), 2016, 53–56.

[52] Stuhr, H.; Schneider, P.; Karch, S.: *Schienengüterverkehr – Marktumfeld, Produktion, Technik und Innovation.* Wiesbaden: Springer Gabler, 2023. DOI: 10.1007/978-3-658-38753-2

[53] Verwaltungs-Berufsgenossenschaft (Hrsg.): *Verschieben von Eisenbahnfahrzeugen – bewegen ohne Lokomotiven.* VBG-Fachwissen, warnkreuz SPEZIAL Nr. 16, 2014. URL: https://cdn.vbg.de/media/5927291ea79b44a9bd4efe7c27afad8b/dld:attachment/warnkreuz_SPEZIAL_Nr_16_Verschieben_von_Eisenbahnfahrzeugen_bewegen_ohne_Lokomotiven.pdf (abgerufen am 22.12.2022).

[54] Deutsches Institut für Normung e.V. (Hrsg.): *DIN EN 15746-1:2021-05, Bahnanwendungen – Oberbau – Zwei-Wege-Maschinen und zugehörige Ausstattung – Teil 1: Technische Anforderungen an das Fahren und den Arbeitseinsatz.* Berlin: Beuth-Verlag, 2021.

[55] Müller, S.; Blundell, M.: *The testing of pneumatic tyres for the interpretation of tyre behaviour for road/rail vehicles when operating on rails.* Proc IMechE, Part D: J Automobile Engineering 237(14), 3275–3284. DOI: 10.1177/09544070221148289

[56] Achmetov, J.; Zappel, W.: *Zweiwegefahrzeuge: Allround-Talente für Straße und Schiene.* Eisenbahntechnische Rundschau 69(4), 2020, 46–48.

[57] Manthey, M.; Zwiehoff, S.: *Zwei-Wege-Rangierfahrzeuge mit neuartigem Antriebskonzept.* Der Eisenbahningenieur 64(6), 2013, 12–14.

[58] Lee, C. W.; Nayeer, N.; Garcia, D. E.; Agrawal, A.; Liu, B.: *Identifying the Operational Design Domain for an Automated Driving System through Assessed Risk.* 2020 IEEE Intelligent Vehicles Symposium (IV), 19. Oktober–13. November 2020, Las Vegas (NV, USA), 1317–1322. DOI: 10.1109/iv47402.2020.9304552

[59] Tonk, A.; Boussif, A.; Beugin, J.; Collart-Dutilleul, S.: *Towards a specified operational design domain for a safe remote driving of trains.* 31st European Safety And Reliability Conference (ESREL 2021), 19.–23. September 2021, Angers, Frankreich, 2128–2135. DOI: 10.3850/978-981-18-2016-8_504-cd

[60] International Electrotechnical Commission (Hrsg.): *IEC 62267:2009 – Railway applications – Automated urban guided transport (AUGT) – Safety requirements.* Berlin/Offenbach: VDE-Verlag, 2009.

[61] o. A.: *D80 – Comprehensive operational, functional and performance requirements.* Deliverable WP21 zum Teilprojekt MODSYSTEM des EU-Förderprojekts Modular Urban Guided Rail Systems (MODURBAN), 2009.

[62] o. A.: *List of driverless train systems.* Wikipedia-Artikel. URL: https://en.wikipedia.org/wiki/List_of_driverless_train_systems (abgerufen am 26.12.2024).

[63] Guénard, F.; Cabanis, V.; Riou, S.: *Market Analysis: Driverless metro market set to surge.* Railway Gazette International 180(2), 2024, 18–21.

[64] Nießen, N.; Schindler, C.; Vallée, D.: *Assistierter, automatischer oder autonomer Betrieb – Potenziale für den Schienenverkehr.* Eisenbahntechnische Rundschau 66(4), 2017, 32–37.

[65] Ullrich, G.; Albrecht, T.: *Fahrerlose Transportsysteme.* 3. Auflage, Wiesbaden: Springer Vieweg, 2019. DOI: 10.1007/978-3-658-27472-6

[66] Verein Deutscher Ingenieure (Hrsg.): *VDI 2510:2005-10 – Fahrerlose Transportsysteme (FTS).* Berlin: Beuth-Verlag, 2005.

[67] Lagay, R.; Adell, G.: *The Autonomous Train: a game changer for the railways industry.* 16th International Conference on Intelligent Transportation Systems Telecommunications (ITST), 15.–17. Oktober 2018, Lissabon (Portugal). DOI: 10.1109/itst.2018.8566728

[68] Schnieder, L.: *Communications-Based Train Control (CBTC) – Komponenten, Funktion und Betrieb.* 1. Auflage, Berlin: Springer Vieweg, 2020. DOI: 10.1007/978-3-662-61013-8

[69] University of Michigan (Hrsg.): *Automatic Train Control in Rail Rapid Transit.* Bericht des United States Congress, Office of Technology Assessment, 1976. URL: https://ota.fas.org/reports/7614.pdf (abgerufen am 22.12.2022).

[70] Bailey, C. (Hrsg.): *European Railway Signalling.* Institution of Railway Signal Engineers, London (UK): A & C Black Publishers Ltd, 1995.

[71] Europäische Kommission (Hrsg.): *Technische Spezifikation für die Interoperabilität zum Teilsystem „Zugsteuerung, Zugsicherung und Signalgebung“ des transeuropäischen Bahnsystems (TSI ZZS).* Entscheidung der Kommission 2006/679/EG, 2006. ELI: https://eur-lex.europa.eu/eli/dec/2006/679/oj

[72] Pachl, J.: *Zugbeeinflussungssysteme europäischer Bahnen.* Eisenbahntechnische Rundschau 49(11), 2000, 725–733.

[73] Deutsche Bahn AG (Hrsg.): *Infrastrukturzustands- und -entwicklungsbericht 2012.* Berlin, 2013.

[74] Deutsche Bahn AG (Hrsg.): *Infrastrukturzustands- und -entwicklungsbericht 2017.* Berlin, 2019.

[75] Deutsche Bahn AG (Hrsg.): *Infrastrukturzustands- und -entwicklungsbericht 2023.* Berlin, 2024.

[76] Maschek, U.: *Sicherung des Schienenverkehrs – Grundlagen und Planung der Leit- und Sicherungstechnik.* 3. Auflage, Wiesbaden: Springer Vieweg, 2015. DOI: 10.1007/978-3-658-10758-1

[77] Maschek, U.: *Leit- und Sicherungstechnik.* In: Fendrich, L.; Fengler, W. (Hrsg.): *Handbuch Eisenbahninfrastruktur.* 3. Auflage, Berlin: Springer Vieweg, 2019.

[78] Frank, M.: *Erweiterung des LZB-Systems für die Strecke Köln-Rhein/Main..* Signal+Draht 95(10), 2003, 31–33.

[79] Pachl, J.: *Railway Signalling Principles.* Edition 3.0, Braunschweig, 2024. DOI: 10.13140/rg.2.2.14777.60004/1

[80] European Union Agency for Railways: *ERTMS/ETCS – System Requirements Specification.* Technical Specification for Interoperability relating to the „Control-Command and Signalling" subsystems (TSI CCS), Appendix A, Subset-026 (4.0.0), Durchführungsverordnung (EU) 2023/1695 der Kommission, 2023. URL: https://www.era.europa.eu/system/files/2023-09/index004_-_SUBSET-026_v400.zip (abgerufen am 16.12.2023).

[81] European Union Agency for Railways: *ERTMS/ETCS – Specific Transmission Module FFFIS.* Technical Specification for Interoperability relating to the „Control-Command and Signalling" subsystems (TSI CCS), Appendix A, Subset-035 (4.0.0), Durchführungsverordnung (EU) 2023/1695 der Kommission, 2023. URL: https://www.era.europa.eu/system/files/2023-01/sos3_index008_-_subset-035_v320.pdf (abgerufen am 16.12.2023).

[82] Deutsche Bahn AG (Hrsg.): *ETCS-Glossar.* Version 1.0 DB offen, 30.10.2023.

[83] European Union Agency for Railways: *ERTMS/ATO – System Requirements Specification.* Technical Specification for Interoperability relating to the „Control-Command and Signalling" subsystems (TSI CCS), Appendix A, Subset-125 (1.0.0), Durchführungsverordnung (EU) 2023/1695 der Kommission, 2023. URL: https://www.era.europa.eu/system/files/2023-09/index084_-_SUBSET-125_v100.pdf (abgerufen am 16.12.2023).

[84] Kümmling, M.; Wanstrath, S.: *„Digitale“ Kapazitätssteigerungen: ein Sachstand.* In: Verband Deutscher Eisenbahn-Ingenieure e.V. (Hrsg.): *Eisenbahn-Ingenieur-Kompendium (EIK) 2024.* Hamburg: DVV Media Group, 2023, 239–266.

[85] Weymann, F.; Hennig, E.: *Energiesparender Betrieb unter Aufrechterhaltung des Pünktlichkeitsniveaus.* Signal+Draht 115(3), 2023, 6–11.

[86] IEEE Vehicular Technology Society (Hrsg.): *Communications-Based Train Control (CBTC) – Performance and Functional Requirements.* IEEE Standard 1471.1–2004, New York City (NY, USA): Institute of Electrical and Electronics Engineers, 2005. DOI: 10.1109/ieeestd.2004.95746

[87] o. A.: *Vancouver SkyTrain – A Proven Success Story.* Japan Railway & Transport Review, No. 16: New Urban Transit Systems, 1998, 44–45.

[88] Brückner, D.: *Lösungen für das automatisierte Fahren im Nahverkehr.* Signal+Draht 109(6), 2017, 6–11.

[89] Winner, H.; Hakuli, S.; Lotz, F.; Singer, C. (Hrsg.): *Handbuch Fahrerassistenzsysteme: Grundlagen, Komponenten und Systeme für aktive Sicherheit und Komfort.* 3. Auflage, Wiesbaden: Springer Vieweg, 2015. DOI: 10.1007/978-3-658-05734-3

[90] Yurtsever, E.; Lambert, J.; Carballo, A.; Takeda, K.: *A Survey of Autonomous Driving: Common Practices and Emerging Technologies.* IEEE Access 2020(8), 58443–58469. DOI: 10.1109/access.2020.2983149

[91] Martí, E.; Miguel, M.; García, F.; Pérez, J.: *A review of sensor technologies for perception in automated driving.* IEEE Intelligent Transportation Systems Magazine 11(4), 2019, 94–108. DOI: 10.1109/mits.2019.2907630

[92] Hackett, J.K.; Shah, M.: *Multi-sensor fusion: a perspective.* Proceedings IEEE International Conference on Robotics and Automation, 13.–18. Mai 1990, Cincinnati (OH, USA), 1324–1330. DOI: 10.1109/robot.1990.126184

[93] Yahyaei, M.; Seifert, G.; Hempen, T.; Huber, W.: *Review of exteroceptive sensors for autonomous driving.* IEEE 25th International Conference on Intelligent Transportation Systems (ITSC), 8.–12. Oktober 2022, Macau, China, 4005–4010. DOI: 10.1109/itsc55140.2022.9922379

[94] Lechleitner, C.; Newesely, G.; Zinner, C.: *Die Straßenbahn lernt sehen – Innovationen im Bereich Straßen- und Stadtbahnen.* ZEVrail 138, Tagungsband Schienenfahrzeugtagung Graz 2014, 105–111.

[95] Conrads, B.; Rüffer, M.; Lang, M.; Berger, T.: *Mehr Sicherheit im Straßenverkehr.* Der Nahverkehr 33(6), 2015, 22–44.

[96] Kähler, S.; Rüffer, M.: *Fahrerassistenzsysteme zur Kollisionsvermeidung.* Vortrag auf der VDV-Jahrestagung, 6.–8. Juni 2016, Dresden.

[97] Last, H.; Krutz, A.: *Siemens entwickelt Kollisionswarnasssistenten für Mainline.* ZEVrail 145(8), 2021, 282–286.

[98] Hofmann, M.; Last, H.; Klier, C.: *Die erste autonome Tram von Siemens – Erfahrungen und Herausforderungen beim Forschungsprojekt mit der ViP Verkehrsbetrieb Potsdam GmbH* ZEVrail 143, Tagungsband Schienenfahrzeugtagung Graz, 2019, 188–195.

[99] Hoepffner, D.; Hofmann, M.: *Teaching Trams to Drive – die Entwicklung vom assistierten zum autonomen Fahren.* Vortrag, 3. Forum „Neue Mobilitätsformen", Technische Hochschule Wildau, 12.03.2020.

[100] Höft, U.: *Innovative Konzepte für den kombinierten Verkehr – ein Überblick.* Vortrag, 5. Konferenz Verkehrsökonomik und -politik, Technische Universität Berlin, 14.–15. Juni 2018.

[101] Salin, E.: *Die automatische Mittelpufferkupplung: technischer Fortschritt als finanz- und wirtschaftspolitisches Problem; mit Kostenschätzungen für acht europäische Länder.* Sonderreihen der List-Gesellschaft, Reihe 2: Zur Politik der Gegenwart, Band 5, Basel (Schweiz): Kyklos Verlag, 1996.

[102] Dorner, H. et al.: *Die automatische Mittelpufferkupplung – ein wesentlicher Beitrag zur Rationalisierung des Eisenbahnbetriebes: Konstruktion, Umstellungsverfahren und Hinweise für den Neu- und Umbau der Fahrzeuge.* Schriftenreihe für Verkehr und Technik, Band 39, Bielefeld: Erich Schmidt Verlag, 1969.

[103] Chatterjee, B.; Besch, J.: *Steigerung der Sicherheit im Eisenbahn-Güterverkehr bei Einsatz der vereinfachten kompakten automatischen Mittelpufferkupplung.* ZEV+DET Glasers Annalen 123(1), 1999, 33–36.

[104] Elsasser, K.: *Die Einführung der automatischen Kupplung erfordert langfristige Planung.* In: Burri, M.; Elsasser, K.; Gugerli, D. (Hrsg.): Die Internationalität der Eisenbahn 1850–1970. Interferenzen, Reihe 7, Zürich (Schweiz): Chronos Verlag, 2003, 285–292. DOI: 10.3929/ethz-a-004556150

[105] Sünderhauf, B.: *Die Automatische Mittelpufferkupplung (AK) – Voraussetzung für eine Automatisierung des Schienen-Güterverkehrs in Europa.* Studie im Auftrag von Altaplan Leasing GmbH, Grünstadt: Altaplan Leasing, 2009.

[106] Stuhr, H.: *Untersuchung von Einsatzszenarien einer automatischen Mittelpufferkupplung.* Dissertation, Technische Universität Berlin, 2013.

[107] Hagenlocher, S.: *Automatische Kupplungssysteme im Schienengüterverkehr – eine Übersicht.* Studie im Auftrag der SBB Cargo AG, Karlsruhe: hwh Gesellschaft für Transport und Unternehmensberatung mbH, 2015.

[108] Martin, U.; von Molo, C.; Ji, K.; Körner, M.; Podolskiy, I.: *Umfassende Einführung der Mittelpufferkupplung – Perspektiven für Eisenbahninfrastrukturunternehmen.* Neues verkehrswissenschaftliches Journal des VWI, Ausgabe 13, Norderstedt: Books on Demand, 2015.

[109] Galipienzo, J.; Jiménez, S.; Meuser, U.; Bergstrand, J.: *Deliverable 5.3 – Technical requirements for automatic couplers.* Teilbericht zum Shift2Rail-Projekt FR8RAIL, 2018. DOI: 10.3030/730617

[110] Arbeitsgemeinschaft DB Cargo AG / VTG AG: *Aufbau und Erprobung Innovativer Güterwagen.* Schlussbericht zum BMVI-Forschungsprojekt, 2019. URL: https://www.bmvi.de/SharedDocs/DE/Anlage/E/forschungsprogramm-innovativer-gueterwagen-1.pdf (abgerufen am 22.12.2022)

[111] Öngüner, E.; Henning, A. et al.: *Deliverable D1.2 – Automatic coupling, running gear and wagon design.* Teilbericht zum Shift2Rail-Projekt FR8RAIL II, 2020. DOI: 10.3030/826206

[112] Hagenlocher, S.; Wittenbrink, P.; Leuchtmann, C. et al: *Erstellung eines Konzeptes für die EU-weite Migration eines Digitalen Automatischen Kupplungssystems (DAK) für den Schienengüterverkehr.* Studie im Auftrag des BMVI, 2020. URL: https://www.bmvi.de/SharedDocs/DE/Anlage/E/schlussbericht-dak-studie.pdf (abgerufen am 22.12.2022)

[113] Arbeitsgemeinschaft DAC4EU: *DAK-Demonstrator-Pilotprojekt zur Demonstration, Erprobung und Zulassung der Digitalen Automatischen Kupplung (DAK) für den Schienengüterverkehr.* Zwischenbericht Abschluss Phase I, Aktenzeichen E12 5185.4/9, Bundesministerium für Digitales und Verkehr (BMDV), 2022.

[114] Arbeitsgemeinschaft DAC4EU: *DAK-Demonstrator-Pilotprojekt zur Demonstration, Erprobung und Zulassung der Digitalen Automatischen Kupplung (DAK) für den Schienengüterverkehr.* Zwischenbericht Abschluss Phase II, Aktenzeichen E12 5185.4/9, Bundesministerium für Digitales und Verkehr (BMDV), 2023.

[115] Egger, M.; Zellner, C.; Stadlmann, B.; Saliger, F.; Traussenegger, P.; Zajicek, J.; Michelberger, F.: *Automatisches Trennen von Güterwagen mit Schraubenkupplung.* Eisenbahntechnische Rundschau 67(9), 2018, 134–140.

[116] Zellner, C.: *Automatische Trennvorrichtung für Güterwagen.* Dissertation, Technische Universität Wien, 2019.

[117] Rake, H.; Schwanhäußer, W.; Frederich, F.; Enning, M.: *Automatisierung von Ablaufanlagen mit dem Kupplungsroboter.* Eisenbahntechnische Rundschau 42(4), 1993, 249–254.

[118] Ristić-Durrant, D.; Haseeb, M.; Emami, D.; Gräser, A.; Ćirić, I.; Simonović, M.; Nikolić, V.; Nikolić, D.; Eßer, F.; Schindler, C.: *Reliable Obstacle Detection for Smart Automation of Rail Transport.* Proceedings 1st International Railway Symposium Aachen (IRSA 2017), 28.–30. November 2017, Aachen, 158–168. DOI: 10.18154/rwth-2018-222952

[119] Ristić-Durrant, D.; Haseeb, M.; Banić, M; Stameković, D.; Simonović, M.; Nikolić, D.: *SMART on-board multi-sensor obstacle detection system for improvement of rail transport safety.* Proc IMechE, Part F: J Rail Rapid Transit, 236(6), 2021, 623–636. DOI: 10.1177/09544097211032738

[120] Franzen, J.; Pinders, U.; Schreiber, W.; Kuhlenkötter, B.: *Erhöhung der Sicherheit und Wirtschaftlichkeit des Rangierens durch ein innovatives Assistenzsystem.* Eisenbahntechnische Rundschau 66(6), 2017, 43–46.

[121] Franzen, J.; Pinders, U.; Stecken, J; Kuhlenkötter, B.: *Automatisiertes Rangieren mit Schienenfahrzeugen – welchen Beitrag können fahrzeugseitige Assistenzsysteme leisten?* Proceedings 1st International Railway Symposium Aachen (IRSA 2017), 28.–30. November 2017, Aachen, 375–390. DOI: 10.18154/rwth-2018-222946

[122] Knorr-Bremse AG: *Digitalisierung: Knorr-Bremse und Rail Vision testen Systeme zur Umfelderkennung bei Lokomotiven von SBB Cargo.* Pressemitteilung, 23.09.2020. URL: https://rail.knorr-bremse.com/media/de/lokaler_content/switzer land_1/railvision_de.pdf (abgerufen am 14.08.2024).

[123] Rail Vision Ltd: *Streamlining Shunting Yard Operations through Automation and Deep Learning.* Internetartikel. URL: https://railvision.io/publications/streamlining-shun ting-yard-operations-through-automa- tion-and-deep-learning/ (abgerufen am 29.09.2020).

[124] Blumenschein, M.; Münchow, S.: *Das Fahrerassistenzsystem SAMIRA für rangierende Güterzüge.* Ingenieurspiegel 2020(2), 11–13.

[125] Blumenschein, M.; Wilbring, D.; Babilon, K.; Schmidt, B.-D.: *Concept for autonomous shunting with an intelligent and self-actuating freight wagon.* 2nd Internatinal Conference on Rail Transportation (ICRT 2021), 5.–6. Juli 2021, Chengdu (China).

[126] Blumenschein, M.; Babilon, K.; Schmidt, B.; Pfaff, R.: *Use cases in autonomous shunting.* Proceedings 3rd International Railway Symposium Aachen (IRSA 2021), 21.–23. November 2021, Aachen, 492–507. DOI: 10.18154/rwth-2022-01840

[127] o. A.: *Automatic Shunting – ATO driving with obstacle detection system.* Abschlussbericht zum Verbundprojekt, 20.10.2023. URL: https://www.prorail.nl/siteassets/homepage/nieuws/2023/automatic-shunting-oosterhout---research-report-v2.0-dd-20231020.pdf (abgerufen am 17.08.2024)

[128] Frederich, F.: *Eisenbahn, quo vadis? Betrachtungen, nicht nur zur Technik.* ZEV+DET Glasers Annalen 116(8–9), 1992, 260–269.

[129] Rosebrock, M.: *Automatisierung und Dezentralisierung des Güterverkehrs der Bahn.* Dissertation, Johann Wolfgang Goethe-Universität Frankfurt am Main, Bern (Schweiz): Peter Lang Verlag, 1992.

[130] Frederich, F.: *Chaos als Konzept – Schienengütertransport mit selbstorganisierenden Fahrzeugen.* ZEV+DET Glasers Annalen 118(7), 1994, 329–338.

[131] Lege, B.; Hillenbrand, G.: *SST mit EUROLOOP.* Signal+Draht 87(4), 1995, 123–127.

[132] Frederich, F.; Lege, B.: *SST und SOG, Neuerungen für den Schienen-Güterverkehr.* Eisenbahntechnische Rundschau 45(10), 1996, 611–616.

[133] Frederich, F.; Lege, B.: *Automatisches Fahren - Beispiele aus dem Güterverkehr.* ZEV+DET Glasers Annalen 121(11), 1997, 571–578.

[134] Lege, B.: *Sicherheit und Entwicklung eines selbsttätig signalgeführten Triebfahrzeugs (SST).* Dissertation, Rheinisch-Westfälische Technische Hochschule Aachen, Fortschritt-Berichte VDI 12(356), Düsseldorf: VDI Verlag, 1998.

[135] Frederich, F.; Mairhofer, F.; Schabert, H.: *Der CargoMover® – eine Innovation für automatisierten Güterverkehr.* ZEV Glasers Annalen 126(10), 2002, 442–448.

[136] Mairhofer, F.: *CargoMover: An Innovative Mode of Automated Freight Transport.* Rail Engineering International 33(1), 2004, 10–12.

[137] Daniel, A.: *Flex-Cargo-Rail: Flexibles System für den Einzelwagenverkehr.* Güterbahnen 6(3), 2007, 23–27.

[138] Baier, M.; Daniel, A.; Enning, M.: *Fahrzeugtechnische Machbarkeitsstudie eines selbstangetriebenen Güterwagens für das System FlexCargoRail.* ZEV Rail 133(1/2), 2009, 51–58.

[139] Dickenbrok, B.; Jugelt, R.; Schröder, J.; Stuhr, H.: *FlexCargoRail – ein Beitrag zur Effizienzsteigerung des Einzelwagenverkehrs.* ZEV Glasers Annalen 133(1–2), 2009, 42–50.

[140] Kochsiek, J.: *Flex Cargo Rail – Wege zu neuen Bedien-, Sammel- und Verteilkonzepten im Schienengüterverkehr.* Eisenbahntechnische Rundschau 59(12), 2010, 830–836.

[141] Yusuf, M.; MacDonald, A.; Stuart, R.; Miyazaki, H.: *Heavy Haul Freight Transportation System: AutoHaul.* Hitachi Review 69(6), 2020, 76–80.

[142] Stadler, O.: *Automatic Classification Yard.* IFAC Proceedings Volumes 9(4), 1976, 115–124.

[143] Smagin, Y.; Popov, P.: *The technology and operating concept for driverless shunting locomotives at Luzhskaya Marshalling Yard.* Signal+Draht 110(12), 2018, 30–38.

[144] Cichon, M.; Schaal, R.: *Vollautomatische Abdrücklokomotive – Machbarkeitsstudie und Aufbau eines Demonstrators.* 16. Internationale Schienenfahrzeugtagung Dresden, 12.–14. September 2018, Dresden.

[145] Cichon, M.; Schaal, R.: *LocAssysTH – Fahrassistenzsysteme als Schritt zum automatischen Fahren auf der Schiene.* Proceedings 2nd International Railway Symposium Aachen (IRSA 2019), 26.–28. November 2019, Aachen, 401–412. DOI: 10.18154/rwth-2020-00269

[146] Pfaff, R.; Enning, M.: *Güterwagen 4.0 – Der Güterwagen für das Internet der Dinge. Teil 1: Gesamtsystembetrachtung und grundlegendes Konzept.* Eisenbahntechnische Rundschau 66(1+2), 2017, 12–16.

[147] Pfaff, R.; Enning, M.: *Güterwagen 4.0 – Der Güterwagen für das Internet der Dinge. Teil 2: Ausgewählte technische Aspekte und Prozesse.* Eisenbahntechnische Rundschau 66(5), 2017, 74–77.

[148] Schmidt, B.; Enning, M.; Pfaff, R.: *Güterwagen 4.0 – Der Güterwagen für das Internet der Dinge. Teil 3: Einführungsszenarien für aktive, kommunikative Güterwagen.* Eisenbahntechnische Rundschau 67(5), 2018, 60–63.

[149] Schmidt, B.; Pfaff, R.; Kuhlmann, M.; Pinders, U.; Wilbring, D.: *Improved dynamics of vehicle movement in intelligent freight trains.* Proceedings 2nd International Railway

Symposium Aachen (IRSA 2019), 26.–28. November 2019, Aachen, 660–672. DOI: 10.18154/rwth-2020-00346

[150] Bistry, D.; Enning, M.; Wiesen, P.: *Migration von Güterwagen 4.0 in den Schienengüterverkehr durch Nutzung einer Brückentechnologie.* Proceedings 3rd International Railway Symposium Aachen (IRSA 2021), 21.–23. November 2021, Aachen, 462–476. 10.18154/rwth-2022-01838

[151] Wilbring, D.; Enning, M.; Pfaff, R.; Schmidt, B.: *Neue Perspektiven für die Bahn in der Produktions- und Distributionslogistik durch Prozessautomation.* Proceedings 2nd International Railway Symposium Aachen (IRSA 2019), 26.–28. November 2019, Aachen, 128–142. 10.18154/rwth-2020-00014

[152] Wilbring, D.; Enning, M.; Pfaff, R.; Schmidt, B.: *Neue Perspektiven für die Bahn in der Produktions- und Distributionslogistik durch Prozessautomation.* Eisenbahntechnische Rundschau 71(3), 2020, 15–19.

[153] Zweigel, R.; Gehrt, J.; Abel, D.: *Galileo Online: GO! – Entwicklung eines hochgenauen satellitenbasierten Navigationsempfängers mit integrierter Kommunikationslösung speziell für Bahnanwendungen.* Proceedings 1st International Railway Symposium Aachen (IRSA 2017), 28.–30. November 2017, Aachen, 344–359. DOI: 10.18154/rwth-2018-222897

[154] Zweigel, R.; Trzuskowsky, A.; Jiaying, L.; Abel, D.: *Autonomes Rangieren im Förderprojekt Galileo Online: GO!* Der Eisenbahningenieur 69(10), 2018, 44–47.

[155] Bösch, P.; Becker, F.; Becker, H.; Axhausen, K.: *Cost-based analysis of autonomous mobility services.* Transport Policy 64, 2018, 76–91.

[156] Schindler, C.: *Der Aachener Rail Shuttle – Erschließung des ländlichen Raums mit fahrerlosen Schienenbussen.* 18. Internationale Schienenfahrzeugtagung Dresden, 22.–24. September 2021, Dresden, 31–33.

[157] G. Zwiehoff GmbH (Hrsg.): *Prospekt ROTRAC E2.* URL: https://www.zwiehoff.com/wp-content/uploads/2022/08/Zwiehoff_Rotrac_E2_2022_DE_Web.pdf (abgerufen am 30.07.2024)

[158] Siegmann, J.: *Wege zu einer anforderungsgerechten und wirtschaftlichen Güterbahn.* Wissenschaftliche Arbeiten des Instituts für Verkehrswesen, Eisenbahnbau und -betrieb, Band 50, Habilitation, Technische Universität Braunschweig, 1997.

[159] Quigley, M.; Gerkey, B. P.; Conley, K; Faust, J.; Foote, T.; Leibs, J.; Wheeler, R.; Ng, A. Y.: *ROS: an open-source Robot Operating System.* IEEE International Conference on Robotics and Automation (ICRA), 12.–17. Mai 2009, Kobe, Japan.

[160] Quigley, M.; Gerkey, B.; Smart, W.: *Programming Robots with ROS.* 1. Auflage, Sebastopol (CA, USA): O'Reilly Media, Inc., 2015.

[161] Pyo, Y.; Cho, H.; Jung, R.; Lim, T.: *ROS Robot Programming.* 1. Auflage, Seoul (Korea): ROBOTIS Co., Ltd, 2017.

[162] Joseph, L.; Cacase, J.: *Mastering ROS for Robotics Programming.* 2. Auflage, Birmingham (UK): Packt Publishing Ltd, 2018.

[163] Ivaldi, S.; Padois, V.; Nori, F.: *Tools for dynamics simulation of robots: a survey based on user feedback.* Computing Research Repository (CoRR) abs/1402.7050, 2014. URL: http://arxiv.org/abs/1402.7050 (abgerufen am 16.08.2019)

[164] Koenig, N.; Howard, A.: *Design and Use Paradigms for Gazebo, An Open-Source Multi-Robot Simulator.* Proceedings 2004 IEEE/RSJ International Conference on Intelligent Robots and Systems (IROS), 28. September–2. Oktober 2004, Sendai (Japan), 2149–2154.

[165] Elfes, A.: *Using occupancy grids for mobile robot perception and navigation.* Computer 22(2), 1989, 46–57. DOI: 10.1109/2.30720

[166] Dalal, N.; Triggs, B.: *Histograms of oriented gradients for human detection.* 2005 IEEE Computer Society Conference on Computer Vision and Pattern Recognition (CVPR'05), 20.–25. Juni 2005, San Diego (CA, USA), 886–893. DOI: 10.1109/cvpr.2005.177

[167] Evgeniou, T.; Pontil, M.: *Support Vector Machines: Theory and Applications.* In: Paliouras, G., Karkaletsis, V., Spyropoulos, C.D. (Hrsg.): *Machine Learning and Its Applications.* Lecture Notes in Computer Science, Band 2049, Berlin/Heidelberg: Springer-Verlag, 2001, 249–257. DOI: 10.1007/3-540-44673-7_12

[168] Dijkstra, E.: *A Note on Two Problems in Connexion with Graphs.* Numerische Mathematik 1, 1959, 269–271.

[169] Macenski, S.; Jambrecic, I.: *SLAM Toolbox: SLAM for the dynamic world.* Journal of Open Source Software 6(61), 2783, 2021. DOI: 10.21105/joss.02783

[170] Erez, T.; Tassa, Y.; Todorov, E.: *Simulation tools for model-based robotics: Comparison of Bullet, Havok, MuJoCo, ODE and PhysX.* Proceedings 2015 IEEE International Conference on Robotics and Automation (ICRA), 26.–30. Mai 2015, Seattle (WA, USA), 4397–4404. DOI: 10.1109/icra.2015.7139807

[171] Archut, C.; Jendrny, N.; Schulte-Marxloh, A.; Eberius, M.; Conrath, U.; Schindler, C.: *Experimental comparison of herbicide-free methods for weed management*

on railway tracks. Transportation Research Procedia 72, 2023, 1169–1176. DOI: 10.1016/j.trpro.2023.11.574

[172] Rampal, V.; Kleespies, F.: *Methoden zur Lichtraumüberwachung beim Schieben von Güterwagen in einem automatisierten Rangiersystem*. Proceedings 2nd International Railway Symposium Aachen (IRSA 2019), 26.–28. November 2019, Aachen, 641–659. DOI: 10.18154/rwth-2020-00343

Abbildungsverzeichnis

Tabellenverzeichnis

Eigene Veröffentlichungen

[A1] Jung, H.-S.; Rüffer, M.; Schindler, C.: *Fahrerassistenzsysteme für die Straßenbahn.* Der Nahverkehr 36(7–8), 2018, 26–35.

[A2] Jung, H.-S.; Fessler, P.; Gerdes, T.; Kleespies, F.; Heldmair, J.; Schindler, C.; Zwiehoff, S.: *Automatisierte Rangiergeräte und Disposition für den innerbetrieblichen Verschub von Schienenfahrzeugen.* Eisenbahntechnische Rundschau 68(5), 2019, 64–67.

[A3] Jung, H.-S.; Schwarz, G.; Eschmann, F.; Zwiehoff, S.; Schindler, C.: *Automated Road-Rail Vehicle for In-Plant Shunting of Rolling Stock.* Proceedings 2nd International Conference on Rail Transportation (ICRT 2021), 5.–6. Juli 2021, Chengdu (China), 146–155. DOI: 10.1061/9780784483886.017

[A4] Jung, H.-S.; Schindler, C.: *Robotersimulation für die Entwicklung von „intelligenten" Schienenfahrzeugen – ein Beispiel mit ROS und Gazebo.* ZEVrail 146(4), 2022, 116–123.

[A5] Jung, H.-S.; Eschmann, F.; Schindler, C.: *Experimental investigation on RFID-odometer-based localization of an automated shunting vehicle.* Proc IMechE, Part F: J Rail Rapid Transit 238(1), 2023, 14–23. DOI: 10.1177/09544097231176464

[A6] Jung, H.-S.; Niermeyer, P.; Manjunatheswaran, H.; Schindler, C.: *Automated rerailing of a road-rail shunting vehicle on road-level tracks using 2D-Lidar.* Proc IMechE, Part F: J Rail Rapid Transit 238(7), 2024, 886–891. DOI: 10.1177/09544097241229334

Betreute studentische Arbeiten

[B1] Xu, S.: *On the Applicability of Gazebo for Simulating Driver Assistance Systems for Tram.* Mini-Thesis, ifs, RWTH Aachen, 2018.

[B2] Ruhkamp, P.; Hilger, M.: *Implementierung und Erprobung eines Kollisionsvermeidungssystems an einem Straßenbahnmodell mit Kamera und Lasersensor.* Projektarbeit, ifs, RWTH Aachen, 2019.

[B3] Wang, L.: *Robotik-Simulation eines Rangierfahrzeugs mit sensorgestützter Geschwindigkeitsanpassung in Abhängigkeit von der Gleistrassierung.* Master-Thesis, ifs, RWTH Aachen, 2019.

[B4] Zhao, Z.: *Obstacle Detection and Classification for the Robotic Simulation of an Autonomous Shunting Vehicle using Histogram of Oriented Gradients and Support Vector Machine.* Master-Thesis, ifs, RWTH Aachen, 2021.

[B5] Azubuike, C.: *Analysis of Methods for Converting and Modelling Track Infrastructure Data in RailTopoModel and Gazebo Simulation.* Master-Thesis, ifs, RWTH Aachen, 2021.

[B6] Kim, J.: *Model-driven detection of buffers and UIC standard coupler on railway wagons using a deep learning-based classifier for automated shunting.* Bachelor-Thesis (Korreferat), SE, RWTH Aachen, 2022.

[B7] Santamaria, A.: *Lidar-based Detection of UIC-Hook using Point Cloud Library in ROS.* Master-Thesis, ifs, RWTH Aachen, 2022.

Anhang

Die im Rahmen dieser Arbeit erstellen Modelle und Quellcodes sind im Online-Repositorium der RWTH Aachen verfügbar: https://git-ce.rwth-aachen.de/hjung77/shunting_simulation_ws

In der Reihe **Schriftenreihe Schienenfahrzeuge und Transportsysteme** zuletzt erschienen:

Jung, Hyun-Suk:
Bedarfsgerechtes Flachrangieren mit einem autonomen Zweiwege-Rangiergerät
ISBN: 978-3-98555-321-1
Erscheinungsdatum: 16.12.2025

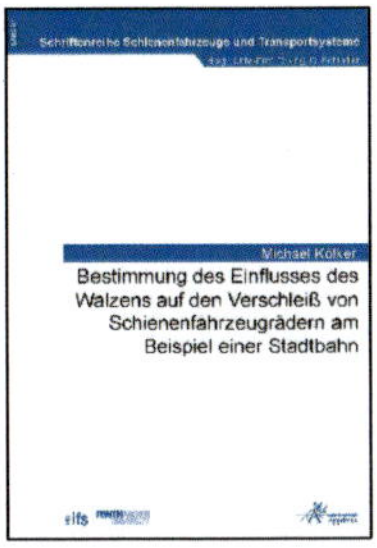

Kölker, Michael:
Bestimmung des Einflusses des Walzens auf den Verschleiß von Schienenfahrzeugrädern am Beispiel einer Stadtbahn
ISBN: 978-3-98555-310-5
Erscheinungsdatum: 17.11.2025

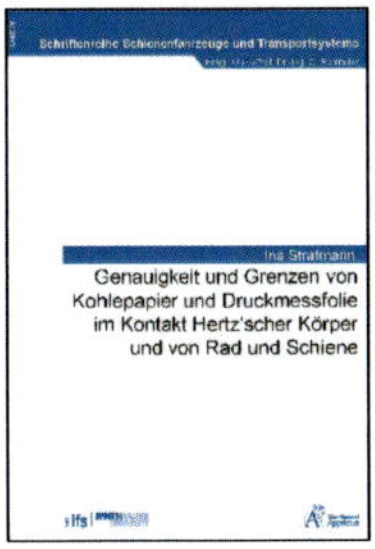

Stratmann, Ina:
Genauigkeit und Grenzen von Kohlepapier und Druckmessfolie im Kontakt Hertz'scher Körper und von Rad und Schiene
ISBN: 978-3-98555-292-4
Erscheinungsdatum: 01.07.2025

Bettinger, Tobias:

Schwingkomfortbewertung in Straßenbahnen mittels Maschinellen Lernens

ISBN: 978-3-98555-149-1

Erscheinungsdatum: 27.03.2023

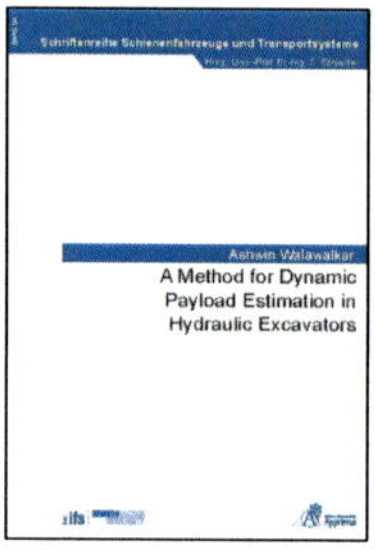

Walawalkar, Ashwin:

A Method for Dynamic Payload Estimation in Hydraulic Excavators

ISBN: 978-3-98555-129-3

Erscheinungsdatum: 05.01.2023

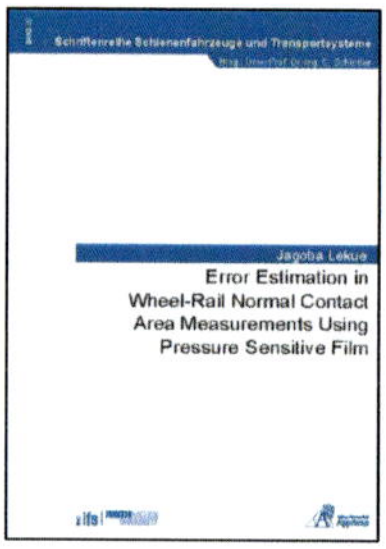

Lekue, Jagoba:

Error Estimation in Wheel-Rail Normal Contact Area Measurements Using Pressure Sensitive Film

ISBN: 978-3-98555-086-9

Erscheinungsdatum: 23.06.2022

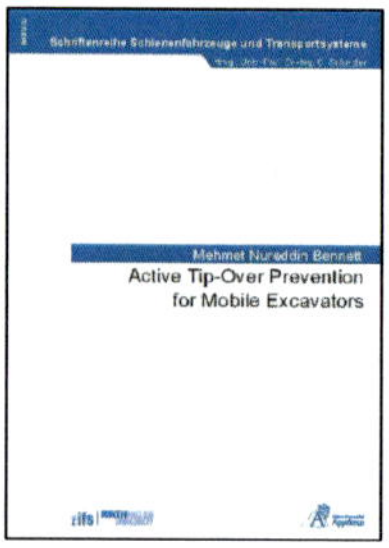

Bennett, Mehmet Nureddin:

Active Tip-Over Prevention for Mobile Excavators

ISBN: 978-3-86359-805-1

Erscheinungsdatum: 14.01.2020

Edition Wissenschaft
Apprimus

FSC
www.fsc.org
MIX
Papier | Fördert
gute Waldnutzung
FSC® C083411

Kolibri 360 GmbH
Ferdinand-Jühlke-Straße 7
99095 Erfurt, Deutschland
produktsicherheit@kolibri360.de